U0186770

Sulphur
自然硫

Galena·
方铅矿

Zircon
锆石

矿物宝石大百科

Chrysocolla
硅孔雀石

拓展篇

Brookite
板钛矿

Hemimorphite
异极矿

Chalcanthite
胆矾

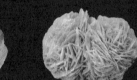

Baryte
重晶石

Pyrrhotite
磁黄铁矿

Anorthite
钙长石

Turquoise
绿松石

[日]松原聪 [日]宫胁律郎 [日]门马纲一 著

肖辉 张志斌 饶芷晴 译

河北科学技术出版社

·石家庄·

◆ 阅读本书的要点 ◆

◆了解矿物的化学组成和原子排列　　　　　　➡ 第 1 章

矿物是根据其化学成分和原子排列来定义和分类的，让我们一起来了解每种矿物的化学成分和晶体结构的特征吧！

◆了解矿物的性质　　　　　　　　　　　　　➡ 第 2 章

了解矿物的性质特征，如颜色、光泽、透明度、折射率、晶体形态、相对密度、解理、硬度、磁性、导电性、毒性、放射性以及发光性等。

◆了解矿物的形成过程和产地　　　　　　　　➡ 第 3 章

大多数矿物在岩石中形成，它们之间的共生关系是由形成时的温度、压力，以及化学成分的组合方式决定的。在该章中，你能了解每种矿物是怎样形成的，以及它们是在哪里形成的。

◆了解矿物的用途　　　　　　　　　➡ 第 4 章、第 5 章

我们的生活少不了各式各样的材料，如木材、毛皮、棉花等。虽然来自动植物的材料不在少数，但钢铁等金属材料、水泥等都来源于矿物，让我们一起来了解矿物的各种用途吧！

◆从矿物中学习地球的历史　　　　　　　　　➡ 第 6 章

随着文明的发展，矿物一直被用作材料。矿物是构成地球物质的重要材料，研究它们能够了解地球的过去和现在。

◆体会采集和收集矿物的乐趣　　　　　　　　➡ 第 7 章

所有的岩石都是矿物的集合体，但可以当作标本的矿物并非随处可见，采集前需要进行充分的准备。给收集的矿物贴上标签，并将它们整理成标本吧！

矿物宝石大百科 [拓展篇]

目录

第 1 章　矿物的化学组成和原子排列

第 2 章　矿物的性质

第3章 矿物的形成和产地

第4章 矿物的用途

第5章 矿物的用途 (稀有金属一览)

第6章 从石器到矿物学

第**7**章　享受矿物带来的乐趣

第 1 章

矿物的化学组成和原子排列

化学组成和原子排列决定矿物种的性质，也是矿物种的
分类依据。但这两个要素之间关系复杂，目前还未完全形成
系统性分类体系，分类工作仍在统一的过程中。

◆化学组成

根据元素种类及其比例的不同，矿物的性质也有所不同。

○质量比和原子比

矿物种分为单质矿物和化合物矿物两种。单质矿物指的是由同一种元素的原子组成的均匀矿物，如金刚石和石墨，均由碳元素构成。化合物矿物指的是由两种或两种以上元素的原子或离子组合而成的矿物，如石英就是由硅元素和氧元素按照 1：2 的比例构成的，化学组成较为简单。

不光是矿物，人们也习惯用质量比或原子比来表示某物质的化学组成。质量比通常使用百分比（%）来表示，在物质浓度低的情况下也会使用百万分比（ppm）来表示。另外，由于物质包含的原子（或离子）的比例是固定的整数倍，所以原子比为整数比（化学计量）。例如，纯净岩盐（氯化钠，NaCl）的化学组成用质量比表示为 Na39.34%：Cl60.66%，并不精准，所以纯净岩盐一般用原子比 Na：Cl=1：1 来表示。化学式中也运用了这点。

矿物并不一定由纯净的物质构成，它们或多或少地掺杂了其他矿物元素，这是矿物的一大特征。矿物的主要成分可能会和其他成分发生置换反应，因此其晶体间隙中也会夹杂其他成分。此外，矿物的主要成分中也可能会产生空孔，混入其他成分。如此一来，可能会出现化学计量比不符合实际的情况。但是，仔细观察置换反应中原子数的变化和电子数的得失，我们依然可以得出化学计量比成立这个结论。

○独特的矿物表示方法——氧化物换算

氧化物换算是一种特殊的矿物表示方式。氧化物矿物和含氧盐类矿物并非由元素直接表示，而是由氧化物表示，其浓度用换算成氧化物的数值来表示。无法分析氧元素的湿化学分析法（重量分析、容量分析、比色分析）如今也使用这一分析值来表示。纯净的孔雀石 [$Cu_2(CO_3)(OH)_2$] 的质量比为 CuO71.95%：$CO_2$19.90%：H_2O 8.15%。要注意，这并不代表孔雀石中含有二氧化碳和水，而是将孔雀石中碳元素和氢元素的含量用氧化物的形式来表示。

◆原子排列

通过化学键结合的原子有规律地排列，最终构成晶体结构。

○化学键与电子运动相关，影响物质的物理性质

不少矿物的化学组成相同，但晶体结构不同（同质多象），物理性质也有显著的差异，如金刚石和石墨的化学式都为 C。同时，也有些矿物化学组成不同，但晶体结构相同（类质同象），也有类似的物理性质，如方解石（$CaCO_3$）和菱锰矿（$MnCO_3$）。晶体结构和化学键一样，是定义和分类矿物的重要依据。

在物质中，原子会在结合力的作用下以特定的间隔（或特定的方位）进行排列（分子结构或配位多面体）。在晶体中，原子排列是立体的、等距的（晶胞）。无数的原子按照一定的规则进行排列，形成可观察的物理性质，是鉴定矿物种的重要依据。

○结构式和固溶体

我们需要区别那些元素相同，却属于不同化学物质的矿物。例如，硫（S）是以硫化物的形式存在，还是以硫酸根离子（SO_4^{2-}）的形式构成硫酸盐存在。元素不同的存在形式构成的矿物也完全不同，例如铜蓝（CuS）和胆矾（$CuSO_4 \cdot 5H_2O$）。在区别氢构成的矿物时也一样，要注意区别氢是以氢氧根的形式构成氢氧化物存在，还是以水分子的形式构成水化物存在，二者差别极大，例如弘三石 [$Nd(CO_3)(OH)$] 和镧石 [$Nd_2(CO_3)_3 \cdot 8H_2O$]。这类化学物质可以通过分子振动的差异，用红外吸收光谱法进行鉴别，但无法使用晶体结构分析法这种精确的分析法。这类矿物的差别也只能通过结构式表示。

矿物质晶体中的主要成分经常会和其他矿物元素发生置换反应。但是，并不是所有元素之间都能够发生置换反应，能否发生置换反应与它们在晶体内的性质相似与否有很大关联。特别是在性质较为相似的情况下，同样的元素构成的类质同象矿物之间可以进行置换。这类矿物即使相互发生置换反应，晶体结构也不会发生改变，若矿物较纯净，则可构成多种多样的固溶体。

◆矿物分类法

人们曾经根据形态（外观）、性质（硬度、质量等）对矿物进行分类。随着化学、晶体学、地质学等学科的发展，人们又根据化学组成、晶体结构、产状等对矿物进行分类。如今，矿物分类法经过多年修改，根据矿物中的负离子团对矿物进行分类的方法成为主流。

○具有代表性的分类法

不同的矿物学文献中有许多不同的矿物分类法，其中最常用的是斯特伦茨（Strunz）矿物分类法和达纳（Dana）矿物分类法。

矿物不像动物和植物一样用系统树来表示分类。比如，明矾石、纤磷钙铝石、杉石类质同象，同属明矾石超族，但在化学物质分类中分别被归类为硫酸盐、磷酸盐、硅酸盐。

在明矾石超族中，菱磷铝锶石和磷菱铅矾的主要成分分别包含硫酸根和磷酸根，所以可以同时归类为硫酸盐矿物和磷酸盐矿物。

此外，2009 年，国际矿物学协会的新矿物命名及分类委员会在发布的指南中，统一了长期以来混乱的矿物级序，规定矿物级序为类（class）、亚类（subclass）、科（family）、超族（supergroup）、族（group）、亚族（subgroup）、系（series）。

●类

最基础的分类法是按化学物质进行分类，分为自然元素、硫化物、硫盐、卤化物、氧化物、氢氧化物、亚砷酸盐（包括亚硫酸盐等）、碳酸盐、硝酸盐、硼酸盐、硫酸盐、铬酸盐、钼酸盐、钨酸盐、磷酸盐、砷酸盐、钒酸盐、硅酸盐、有机化合物。

●矿物分类的级序

类（class）	基于化学物质分类，如硅酸盐矿物
亚类（subclass）	基于负离子团特征分类，如单岛状硅酸盐矿物
科（family）	结构和化学键相似的矿物种，如似长石

超族（supergroup）	结构基本相同、化学键相似的矿物，如磷灰石超族
族（group）	结构相同、化学键相似的矿物，如高岭石
亚族（subgroup） 系（series）	结构及化学键不同，但有关联的矿物，如硫铋铅矿

●斯特伦茨矿物分类法

1	自然元素	6	硼酸盐
2	硫化物、硫盐	7	硫酸盐
3	卤化物	8	磷酸盐、砷酸盐、钒酸盐
4	氧化物	9	硅酸盐
5	碳酸盐、硝酸盐	10	有机化合物

●达纳矿物分类法

1	自然元素、合金	24～27	硼酸盐
2	硫化物（硒化物、碲化物）	28～32	硫酸盐
3	硫盐	33～34	硒酸盐、碲酸盐、亚硒酸盐、亚碲酸盐
4	简单氧化物	35～36	铬酸盐
5	含铀或钍的氧化物	37～43	磷酸盐、砷酸盐、钒酸盐
6	氢氧化物	44～46	锑酸盐、亚锑酸盐、亚砷酸盐
7	复合氧化物	47	钒氧酸盐
8	含铌、钽、钛的复合氧化物	48～49	钼酸盐、钨酸盐
9～12	卤化物	50	有机化合物
13～17	碳酸盐	51～78	硅酸盐
18～20	硝酸盐		
21～23	碘酸盐		

《矿物手册》（*Handbook of Minerals*）共五册，其中类分为以下五种。

1	自然元素、硫化物、硫盐	4	砷酸盐、磷酸盐、钒酸盐
2	硅酸盐	5	硼酸盐、碳酸盐、硫酸盐
3	卤化物、氢氧化物、氧化物		

第 1 章 ◆ 矿物的化学组成和原子排列

●亚类

对硅酸盐和硼酸盐来说，基于 SiO_4 和 BO_4 四面体的化学键，会使用 neso-、soro-、cyclo-、ino-、phyllo- 和 tekto- 这几个前缀命名亚类。在斯特伦茨矿物分类法中，硼酸盐根据聚合度进行分类，分为 mono-、di-、tri-、tetraborate 这几个亚类，但这些名称不能充分表示化学键的构造。

●科

科由数个超族组成，既有构造基本相同的超族，如沸石（硅酸铝钾盐）超族、似长石超族，也有化学键相似的超族，如黄铁矿—白铁矿家族。

●超族

超族由数个结构相同、化学键相似的族组成。同一超族的矿物来自同一类，如明矾石超族；也可以来自不同类，如硫酸盐超族就包含砷酸盐类和磷酸盐类矿物。

●族

分类的基本单位，由复数的结构相同、化学键相似的矿物组成。

●亚族、系

亚族可以由同族系列组成，如硫铋铅矿、块硫铋银矿等硫盐系列；也可以由结构和化学键均不同的具有两种结构单位多体系列的矿物群组成，如辉石、角闪石、云母等。由于一些矿物结构和化学键与其他矿物均不相似，所以用族来对它们进行分类。

●多态

一些层状晶体结构的矿物，同层的结构单位呈现不同的积层方向和周期性。这类结构差异要和同质多象区别开来，称之为多态。

◆自然元素矿物

　　自然元素矿物指那些主要成分（构成该矿物的本质成分，而非因置换反应等产生的微量成分）为单一元素的矿物。例如金刚石和石墨，二者均由碳元素（C）构成，是具有代表性的自然元素矿物。

○自然元素矿物的命名

　　许多我们熟知的自然元素矿物的名字和元素名相同。为了区别于人工物质，我们在命名自然元素矿物时会加上"自然"二字，如自然金（Au）、自然硫（S）等。

▲ 金刚石（南非产）

●金刚石的晶体结构 *

　　在共价键的作用下，每个碳原子与四个碳原子结合，形成稳定的立方晶体结构。

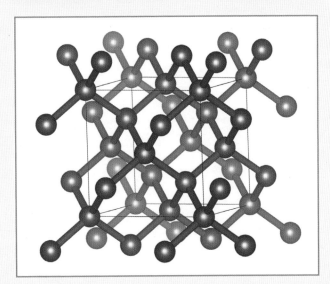

* 本书中的晶体结构图均使用结晶描画软件 VESTA 绘制。——原注

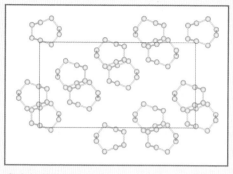

●自然硫的晶体结构

八个硫原子呈王冠形（"之"字形）分布，构成 S_8 分子。

▲ 自然硫（日本枥木县那须茶臼岳产）

小故事

不以元素名称命名的矿物

最新发现的同质多象的自然元素矿物中，有一些并不以元素名称命名，如斜方砷（Arsenolamprite: As）。为了表示晶体结构的不同，有些矿物以其晶体结构命名，如副斜方砷 [Pararsenolamprite: (As、Sb)]、六方铁 [Hexaferrum: (Fe、Os、Ru、Ir)] 等。

六方钼（Hexamolybdenum: Mo、Ru、Fe）是人们从陨石中发现的自然元素矿物。它和一般的金属钼矿晶体结构不同，为了表示其特殊性，取名为六方钼。

自然元素矿物并非人造物质，或多或少含有其他矿物元素。用简单的化学式表示矿物时，先写主要元素，用逗号隔开，再写那些可以置换主要元素的矿物元素，并放在括号内。

置换的数量可以非常少，也可以和主要元素差不多。自然元素矿物不是化合物，所以元素比例并不会保持固定的整数比。金属自然元素矿物常含合金，比如自然金中经常会有金和银构成的合金——金银合金。

碳化物、氮化物、硅化物、磷化物等不是单质矿物，分类时不把它们划分为某一类，而是划分为自然元素矿物。

◆硫化物矿物

硫化物矿物是指硫和金属元素的化合物结合而成的矿物。地壳中存在多种硫化物矿物，它们聚集在一起形成矿床，是珍贵的金属资源。

○硫化物矿物有金属光泽，有导电性

一般来说，很少有矿物能在有金属光泽或亚金属光泽的同时，还拥有半导体的特性。这类矿物的代表有黄铁矿（FeS_2）、闪锌矿（ZnS）、方铅矿（PbS）等。硒化物及碲化物拥有和硫化物相似的性质，所以也被归类到硫化物矿物中。另外，硒、碲的含氧酸盐——硒酸盐矿物、碲酸盐矿物和硫酸盐矿物也十分相似。

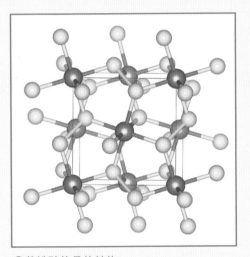

▲ 黄铁矿（日本福井县剑岳矿山产）

●黄铁矿的晶体结构

硫离子和相近的硫离子结合，构成 S_2 原子团，这是黄铁矿的特征。铁离子和六个硫离子结合。

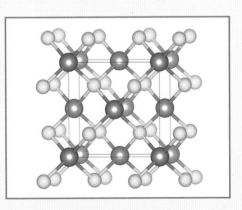

●闪锌矿的晶体构造

锌离子和四个硫离子结合，四面体配位。

▶ 中央有金属光泽的闪锌矿结晶
（日本埼玉县秩父矿山产）

○能和金属元素构成复盐的矿物

硫化物矿物中有一些矿物被称为硫盐矿物，因为它们含有的砷、锑、铋等半金属元素会和硫元素（S）进行共价键结合，形成阴离子团，构成复盐。

黝铜矿（$Cu_{12}Sb_4S_{13}$）、硫砷铜矿（Cu_3AsS_4）、浓红银矿（Ag_3SbS_3）、车轮矿（$PbCuSbS_3$）、斜方辉铋铅矿（$Pb_2Bi_2S_5$）等都是珍贵的金属资源。

有一些硫化物矿物不属于硫酸盐，属于氧化物，如硫氧锑钙石（$CaSb_{10}O_{10}S_6$），它们被归类为硫盐矿物。

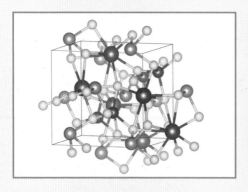

● 车轮矿的晶体结构

由一个锑离子和三个硫离子结合而成的阴离子团是硫代酸盐矿物的特征。

一个铅离子和八个硫离子结合，一个铜离子和四个硫离子结合，四面体配位。

▲ 有金属光泽的齿轮状车轮矿晶体
（日本埼玉县秩父矿山产）

◆氧化物矿物

氧化物矿物是指元素和氧化合而成的氧化物组成的矿物。

○氧化物矿物拥有透明的结晶

通常认为碳酸盐、磷酸盐、硅酸盐等含氧盐类矿物不属于氧化物矿物。但也有部分人认为氢氧化物矿物［氢氧根离子：含（OH）$^-$的化合物］应该归类到氧化物矿物中。

大部分氧化物矿物拥有透明的结晶，硬度相对高，是绝缘体。有些氧化物矿物还可以加工成宝石，如刚玉可加工成红宝石或蓝宝石。

另外，氧化物矿物中有不少是重要的资源，如赤铁矿（Fe_2O_3）、磁铁矿（$Fe^{2+}Fe^{3+}_2O_4$）、软锰矿（MnO_2）、锡石（SnO_2），还有铝土矿中的主要矿物三水铝石［$Al(OH)_3$］、软水铝石［$AlO(OH)$］、硬水铝石［$AlO(OH)$］等。

有些矿物虽然含氧，但属于硅酸盐类矿物，如二氧化硅的矿物形式石英（SiO_2）、方石英（方硅石，SiO_2）、鳞石英（SiO_2）等都是硅酸盐矿物。

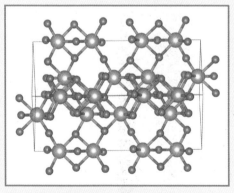

●刚玉的晶体结构

一个铝离子和六个氧离子结合，构成不完全的八面体，八面体之间共棱相连。

▲ 中央略呈灰色的刚玉晶体
（日本岐阜县飞驒市羽根谷产）

◆卤化物矿物

卤化物矿物是指金属元素阳离子和卤族元素氯、氟、溴、碘等阴离子相互化合而成的矿物，如萤石（CaF_2）和岩盐（$NaCl$）等。

○卤化物矿物大多可溶于水

有些矿物虽然包含卤族元素，但主要成分为含氧盐，它们被归类为含氧盐类矿物，如氟磷灰石 [$Ca_5(PO_4)_3F$]、方钠石 [$Na_8(AlSiO_4)_6Cl_2$] 等。一般来说，卤化物矿物是透明的，且有玻璃光泽，大多可溶于水。

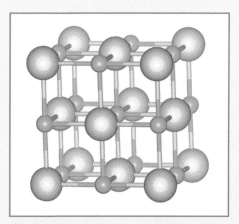

●岩盐的晶体结构

钠离子和氯离子呈直角相间排列。每个钠离子吸引六个氯离子，每个氯离子吸引六个钠离子，呈八面体配位。

▲岩盐（巴基斯坦产）

▲萤石（中国产）

◆碳酸盐矿物

碳酸盐矿物是一种含碳酸根 $[(CO_3)^{2-}]$ 的矿物。碳酸根呈正三角形结构，碳占据三角形中心，氧占据三个顶点。

○碳酸盐矿物与生物起源密不可分

碳酸盐矿物的代表有方解石（$CaCO_3$）、白云石 $[CaMg(CO_3)_2]$、文石（$CaCO_3$）等，它们是构成石灰岩、白云岩等碳酸盐岩的主要成分。如果一种矿物同时含有碳酸根和硅酸根，则属于硅酸盐矿物。

一般来说，碳酸盐矿物晶体透明，溶于盐酸会分解释放二氧化碳，硬度小于4。其中，碳酸盐矿物与生物起源密不可分。另外，镍（Ni）、铜（Cu）、锌（Zn）、铅（Pb）等金属会和碳酸根在地表浅层结合，形成次生矿物。

▲方解石（墨西哥产）

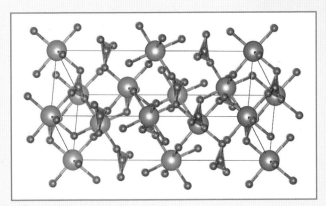

●方解石的晶体结构

　一个碳离子和三个氧离子结合构成三角形的阴离子团钙离子通过碳酸根相互连接。

地质作用和生物活动的密切关系

很多人认为矿物和岩石是无机物，其形成不受生物活动的影响。但如果地球上没有生物活动，那么地表存在的矿物种类就会发生很大的变化。

●如果地球上没有生物

金属矿床氧化带中常见的次生矿物，如氧化物矿物、碳酸盐矿物、硫酸盐矿物、磷酸盐矿物等，是由原生的硫化物矿物在富氧大气中氧化分解形成的。

人们认为，地球诞生之初的大气成分主要是二氧化碳和氮气。氧气是后来生物通过光合作用释放出来的。如果地球上没有生物活动，这些氧化作用形成的次生矿物将不复存在。

●生物的尸骸和排泄物矿化形成的矿物

有些矿物是生物的尸骸和排泄物受地质作用影响而直接形成的。在这类特殊的矿物中，有一类含有气体成分的氧化硅矿物。19世纪下半叶，人们在意大利西西里岛首次发现了这类矿物，将其命名为黑火石。黑火石用火加热，晶体会由透明转黑，因此而得名。

现在我们知道结晶变黑是因为内部的碳化合物发生了碳化。最初，人们认为这是因为矿物中夹杂了有机化合物，后来才发现这类矿物中含有甲烷、氢气、硫化氢等气体成分，所以遇火会变黑。

●可以燃烧的冰

矿物中含有气体，乍一听可能会令人感到诧异，其实它的晶体结构是由硅氧四面体构成的笼状结构，每个"笼子"中容纳一个气体分子。

这与天然气水合物（俗称可燃冰）的晶体结构十分相似，只不过它们是由水分子构成"笼子"。像这样由主体分子构成笼状结构容纳客体分子的物质，被称为笼形包合物或包合物。当"笼子"由二氧化硅构成时，被称为二氧化硅包合物。

●包含气体的微小结晶

根据"笼子"中容纳的分子大小，气体水合物分为 I 型结构（如天然气水合物）、II 型结构和 H 型结构三种。

新发现的二氧化硅矿物——千叶石和房总石分别对应 II 型结构和 H 型结构。千叶石和房总石包含的气体分子不光有甲烷，还有比甲烷分子更大的乙烷、丙烷等。

甲烷气体的来源有两种，一是沉积物中的有机物在地热影响下分解产生，二是海底淤泥中的微生物合成产生。人们普遍认为，二氧化硅矿物中的天然气的来源是第一种。

只有特殊的地质构造才能将沉积物分解产生的天然气聚集起来，形成矿床。一般来说，天然气形成后会扩散到大气中，仅有一小部分会被微小的结晶保存下来。

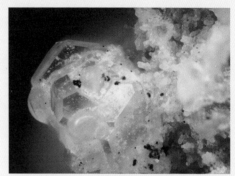

▲ 千叶石（日本千叶县南房总市荒川产）

沉积在贝壳化石或骨骼化石上的蛋白石、玛瑙以及黄铁矿会保留化石原有的形状。另外，有些矿物中甚至包裹了焦油和石油。右边的两张照片就是包裹着石油的水晶，产自巴基斯坦。

▲ 可见光下包裹着石油的水晶（巴基斯坦产）

我们可以看到水晶中黄色的原油和水相互分离。据此，我们可以推测，在水晶生长的过程中，地下的石油层被热水侵入，也有可能是热水中渗入了石油。

原油在紫外线的照射下会发出强烈的蓝白色荧光，将水晶从内到外点亮，十分美丽。只有在地球上，我们才能看到这样的无机矿物和有机生物碰撞出的绚丽美景。

▲ 紫外线下包裹着石油的水晶（巴基斯坦产）

◆硼酸盐矿物

硼酸根有两种结构，第一种是类似碳酸根的三角形结构，三个顶点为氧，写作 $(BO_3)^{3-}$，第二种是类似硫酸根、磷酸根、硅酸根的四面体结构，四个顶点为氧，写作 $(BO_4)^{5-}$。

○硼酸盐矿物是分布在内陆干燥地带的重要矿物

硼酸根之间会发生缩聚反应，如两个三角形结构的 $(BO_3)^{3-}$ 可以通过共用一个顶点的氧原子连接，构成 $(B_2O_5)^{4-}$。如果某矿物既含有硼酸根又含有硅酸根，那么该矿物属于硅酸盐矿物。

硼酸盐矿物中比较有名的矿物是电视石，又称钠硼解石，化学式为 $NaCaB_5O_6(OH)_6 \cdot 5H_2O$。

硼酸盐矿物无色或白色的居多，也有颜色鲜艳的个体，如羟硼铜钙石 $[Ca_2CuB_2(OH)_{12}]$ 等，但仅限含过渡金属（如铜）的硼酸盐矿物。

硼酸盐矿物主要分布在内陆干燥地带，是重要的矿产资源，如硼砂 $[Na_2B_4O_5(OH)_4 \cdot 8H_2O]$、硬硼钙石（$Ca_2B_6O_{11} \cdot 5H_2O$）、贫水硼砂 $[Na_2B_4O_6(OH)_2 \cdot 3H_2O]$。

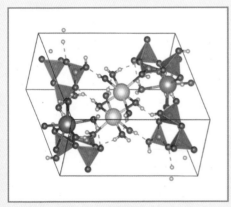

●硼钠钙石的晶体结构

硼酸根通过水分子与钙离子和钠离子结合。

▲ 钠硼解石（美国加利福尼亚州产）

◆硫酸盐矿物

硫酸盐矿物是指以四面体结构的硫酸根 $[(SO_4)^{2-}]$ 为主要成分的矿物，如石膏（$CaSO_4 \cdot 2H_2O$）、重晶石（$BaSO_4$）。

○硫酸盐矿物可以通过分解硫化物矿物获取

硫酸盐矿物硬度中等，有的可溶于水，有的可潮解（固体溶解于空气中的水蒸气的现象）。另外，有些硫酸盐矿物脱水后会发生分解反应，许多硫酸盐矿物本身就是由地表浅层的硫化物矿物分解而成的。

硫酸根中的硫（S）可被置换，置换对象有硒（Se）、铬（Cr）、钼（Mo）、钨（W）。置换产生的新矿物分别属于硒酸盐矿物、铬酸盐矿物、钼酸盐矿物、钨酸盐矿物。这些矿物和硫酸盐矿物关系十分密切。

▲石膏（日本东京都父岛产）

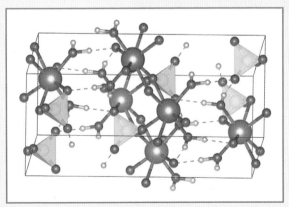

●石膏的晶体结构

硫酸根、水分子和钙离子结合在一起。

◆磷酸盐矿物

磷酸盐矿物是指以四面体结构的磷酸根 $[(PO_4)^{3-}]$ 为主要成分的矿物，代表矿物有氟磷灰石 $[Ca_5(PO_4)(OH，F)]$。

◯仅次于硅酸盐矿物的第二大矿物种类

绝大多数磷酸盐矿物都拥有磷酸根，但也有小部分拥有的是磷酸根的缩聚二聚体——焦磷酸根 $[(P_2O_7)^{4-}]$。磷酸盐矿物种类繁多，是仅次于硅酸盐矿物的第二大矿物种类。

磷（P）占据四面体根离子的中心，经常被砷、钒离子置换，所以砷酸盐矿物、钒酸盐矿物和磷酸盐矿物经常被归为一类。氟磷灰石中的磷（P）可置换成砷（As），形成砷灰石 $[Ca_5(AsO_4)_3F]$，甚至除了氧（O）之外的主要成分全部都可以置换，形成钒铅矿 $[Pb_5(VO_4)_3Cl]$。

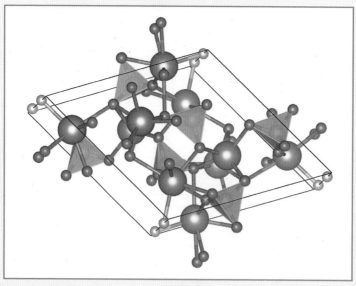

●氟磷灰石的晶体结构

磷离子和四个氧离子构成根离子 $[(PO_4)^{3-}]$，呈四面体结构。
磷酸根不会聚合，相互独立，每个顶点的氧原子各连接一个钙离子。

引人注目却不曾被发现的新矿物

　　最近发现的新矿物中，大部分是难以注意到的微小矿物，但偶尔也会出现我们经常看见的漂亮矿物。人们大多数情况下会将它们误认成其他类似的矿物，所以即便有许多人见过，也没人发现它们是新矿物。

　　比如丝鱼川石，它一直被误认为是蓝色的翡翠。还有日本福冈县河东矿山产出的宗像石，由于它和随处可见的青铅矿（方铅矿或黄铜矿氧化的产物）极其相似，所以迟迟没人去研究它。宗像石的主要成分是砷。经过研究，人们发现方铅矿中也含少量的砷，当砷的含量达到一定浓度时，便会形成宗像石。在宗像石被指定为新矿物种后，相关人员在日本秋田县龟山盛矿山和静冈县河津矿山也发现了宗像石。

▲ 宗像石（日本福冈县河东矿山产）

◆硅酸盐矿物

硅酸盐矿物指的是拥有硅氧四面体（SiO₄）的矿物。硅（Si）占据四面体中心，四个氧（O）占据四角。

○硅酸盐矿物拥有无可比拟的种类和产量

地壳的主要成分为氧（O）和硅。硅酸盐矿物拥有无可比拟的种类和产量。大多数硅酸盐矿物有玻璃光泽，根据化学组成和晶体结构（化学键类型）的不同，硬度上下浮动大。

硅氧配位四面体（SiO₄）之间通过共享角顶氧离子进行缩聚，构成各种结构，如岛状、环状、链状、层状、架状等。根据硅氧配位四面体（SiO₄）配合的不同，硅酸盐矿物可以进一步划分种类。

●单岛状硅酸盐矿物

单岛状硅酸盐矿物中每个硅氧配位四面体单独存在，没有进行缩聚反应，因此被称为单岛。代表矿物有橄榄石族矿物（如镁橄榄石，Mg_2SiO_4）、石榴石超族 [如铁铝榴石，$Fe_3^{2+}Al_2(SiO_4)_3$]。

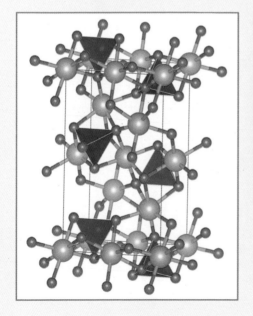

▲ 镁橄榄石（美国亚利桑那州产）

●镁橄榄石的晶体结构

一个硅离子和四个氧离子结合，构成硅酸根 $(SiO_4)^{4-}$。硅酸根相互独立，不进行缩聚反应，通过顶点的氧离子和镁离子连接结合。

● 双岛状硅酸盐矿物

两个硅氧配位四面体通过共享角顶氧结合，构成二聚体 $(Si_2O_7)^{6-}$ 根离子，拥有该根离子的矿物被称为双岛状硅酸盐矿物，代表矿物有异极矿 $[Zn_4(H_2O)(Si_2O_7)(OH)_2]$。

当某矿物同时拥有二聚体 $(Si_2O_7)^{6-}$ 根离子和单体 $(SiO_4)^{4-}$ 根离子时，缩聚程度高、优先度高，所以该矿物属于双岛状硅酸盐矿物，比如绿帘石超族矿物绿帘石 $[Ca_2Al_2(Fe^{3+}，Al)(Si_2O_7)(SiO_4)O(OH)]$ 以及绿纤石族矿物镁绿纤石 $[Ca_2MgAl_2(SiO_4)(Si_2O_7)(OH)_2 \cdot H_2O]$。

红钇石 $[Y_3Si_3O_{10}(OH)]$ 这类含有三聚体 $(Si_3O_{10})^{8-}$ 根离子的矿物也属于双岛状硅酸盐矿物。

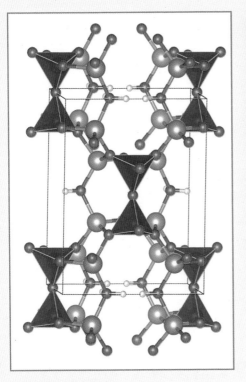

▲ 异极矿的白色结晶（日本大分县木浦矿山产）

● 异极矿的晶体结构

两个硅氧配位四面体通过共享角顶氧离子结合，构成 $(Si_2O_7)^{6-}$ 根离子。根离子和锌离子通过氧离子进行结合。

●环状硅酸盐矿物

环状硅酸盐矿物是指由若干个硅氧配位四面体以共享 2 个角顶氧离子的方式连接，形成环状络阴离子而构成的硅酸盐矿物。

构成环状的硅氧配位四面体的个数可以是 3、4、6、8、9、12 等，但 8 个以上的较为少见，环状结构会呈扁平结构。三元环 $[(Si_3O_9)^{6-}]$、四元环 $[(Si_4O_{12})^{8-}]$、六元环 $[(Si_6O_{18})^{12-}]$ 的环状硅酸盐矿物代表有蓝锥矿 $\{Ba[Ti(Si_3O_9)]\}$、硼硅矾钡石 $[Ba_4(V^{3+}, Ti)_4(B_2Si_8O_{27})Cl(O, OH)_2]$、绿柱石 $(Be_3Al_2Si_6O_{18})$ 和电气石族矿物 [如黑电气石，$NaFe_3^{2+}Al_6(BO_3)_3Si_6O_{18}(OH)_4$]。

▲ 绿柱石（日本岐阜县福冈矿山产）

另外，有些环状硅酸盐矿物具有两个环状络阴离子相结合的复环状结构，如大隅石 $[(K, Na)(Mg, Fe^{2+})_2(Al, Fe^{3+})_3(Si, Al)_{12}O_{30}]$ 等。

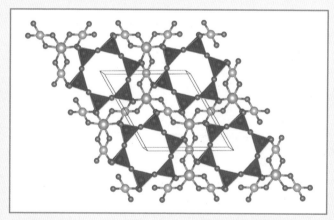

●绿柱石的晶体结构

六个硅氧配位四面体以共用角顶氧离子的方式连接构成六元环。六元环位于同一平面，通过铝离子、铍离子相互连接。

●链状硅酸盐矿物

链状硅酸盐矿物是指硅氧配位四面体通过共享两个角顶氧离子，构成由一维无限延伸的链状络阴离子而成的硅酸盐矿物。

链状硅酸盐矿物既有单链结构（一条链状络阴离子），如属于辉石超族的硬玉（$NaAlSi_2O_6$）、硅灰石（$CaSiO_3$）；也有双链结构（两条链状络阴离子），如属于角闪石超族的绿闪石 $\{Na[NaCa][(Fe^{2+}，Mg)_3Al_2](Si_6Al_2)O_{22}(OH)_2\}$、硬硅钙石 $[Ca_6Si_6O_{17}(OH)_2]$；甚至有三链结构，还存在同时拥有三链和双链结构的链状硅酸盐矿物。另外，链状硅酸盐矿物中的硅（Si）可能被铝（Al）部分置换，形成铝硅酸盐。

▲ 硬玉（日本新潟县丝鱼川市产）

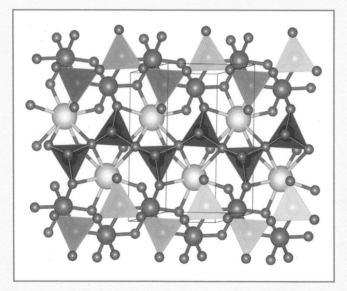

●硬玉的晶体结构

硅氧配位四面体通过共享角顶氧离子构成一维无限延伸的链状络阴离子。钙离子和铝离子夹在链与链中间，通过角顶氧离子连接硅酸链。

●层状硅酸盐矿物

层状硅酸盐矿物是指硅氧配位四面体通过共享三个角顶氧离子而成的形似网眼的硅氧配位四面体层构成的矿物。部分硅（Si）可能被铝（Al）置换，形成铝硅酸盐。

层状硅酸盐矿物中的硅氧四面体层可以看成链状硅酸盐中的链条无限重叠的产物，代表矿物有属于云母超族的白云母 $\{K[Al_2(AlSi_3O_{10})(OH，F)_2]\}$ 等、属于黏土矿物的蛇纹石 $[Mg_6(Si_4O_{10})(OH)_8]$ 等。

由硅氧四面体组成的层状结构称为硅氧四面体层。由镁（Mg）或铝（Al）的六配位八面体组成的层状结构称为镁/铝氧八面体层。这两种层状结构堆叠，构成三维的晶体结构。其中，四面体层和八面体层可以以不同比例堆叠，如一层四面体层、一层八面体层堆叠（1∶1 型），或两层四面体层夹一层八面体层（2∶1 型）。层间可以直接连接，也可通过阳离子进行连接，或通过水分子进行连接，形态多样。

层间甚至可以嵌入离子和分子，构成嵌入化合物，但层间的键结强度较弱，这也是云母具有极完全解理的原因。

▲ 白云母（巴西产）

●白云母的晶体结构

硅氧配位四面体通过共享角顶氧离子组成六元环，在平面内相互连接，构成硅氧四面体层。铝氧的配位八面体构成铝氧八面体层，八面体层夹在两层四面体层中间，构成一组层状基本结构。钾离子连接不同的层状基本结构，最后构成堆积结构。

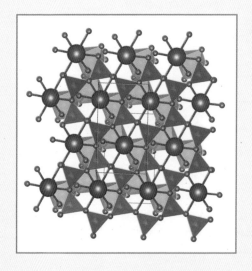

●**架状硅酸盐矿物**

架状硅酸盐矿物是指硅氧配位四面体通过共享四个角顶氧组成的立体硅氧配位四面体架而构成的矿物。其中部分硅（Si）可能会被铝（Al）置换，形成铝硅酸盐。代表矿物有属于长石超族的微斜长石（$KAlSi_3O_8$）等、属于似长石超族的霞石（Na，$AlSiO_4$）等和属于沸石超族的方沸石［$Na_2(AlSi_2O_6)_2 \cdot 2H_2O$］等。

石英可以归类为氧化物矿物，其硅氧配位四面体结构没发生铝置换时，也可以归类为架状结构硅酸盐矿物。

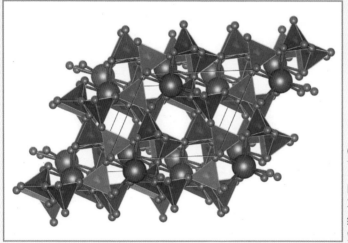

●微斜长石的晶体结构

硅氧配位四面体中的硅被铝置换，通过共享角顶氧离子构成立体结构。钾离子填充结构空隙。

◆有机矿物

有机化合物和无机化合物的区别较为模糊。

碳酸盐、硫氰酸盐等化合物虽然含碳，但默认属于无机化合物，它们是地质作用下自然生成的固体物质。

金刚石和石墨不属于有机矿物，属于自然元素矿物。草酸盐矿物和碳氢化合物矿物属于有机矿物。

小知识	六元世界的矿物——"芳踪"

除了蛋白石和水锰辉石这些非晶体矿物之外，矿物大多由晶体构成。

●新物质准晶体的发现

长期以来，晶体被定义为原子按照一定平移对称性（周期性）进行排列的物质。换言之，晶体是指原子在三维空间按照一定规则进行排列的物质，构成晶体的最基本的几何单元被称为晶胞。

但是，1984年发现的准晶体却不存在平移对称性，它和非晶体不同，具有长程、有序的原子排列。准晶体的发现在科学界极具争议。

最初发现的准晶体是通过急冷凝固合金制成的，性质十分不稳定。仅有数十纳米到数十微米长，由于十分微小，一度受到质疑，被认为不属于晶体。

之后，科学家利用各种合金合成了更大的准晶体，有力地证明了准晶体这一物质的存在。准晶体的发现者达尼埃尔·谢赫特曼博士于2011年获得诺贝尔化学奖。同年，科学家们首次发现了自然界存在的准晶体矿物——"芳踪"。

●以色列化学家达尼埃尔·谢赫特曼

照片由以色列理工学院提供

▼ "芳踪"

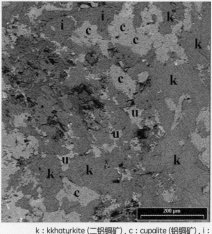

k：kkhatyrkite（二铝铜矿），c：cupalite（铝铜矿），i：icosahedrite（芳踪），u：未命名矿物，引用自L.Bindi et al.(2011). American Mineeralogist, 96(5-6)

●准晶体具有理论上不可能的晶体结构

准晶体是区别于晶体和非晶体的第三种物质状态。它具有普通（周期性）晶体理论上不可能的 5、8、10、12 次及以上的旋转对称性。

一般来说，晶体仅具有 2、3、4、6 次旋转对称性，理论上不可能存在其他旋转对称性。例如自然界中存在正六方柱晶体，却不存在正五方柱晶体。这与晶体的周期性结构相关——正五边形无法铺满平面，自然也无法构成晶体。

但是，英国数学家罗杰·彭罗斯发现用两类不同的菱形（非正五边形）以一定规则可以填满平面，由此证明了具有 5 次旋转对称性的非周期性图形也可以实现非周期性平铺。

彭罗斯密铺的三维版本就是用两种不同的菱形六面体以一定规则填满空间。

当初，人们将这类空间密铺视为数学界专属主题，准结晶的结构和彭罗斯密铺一致，不过是在菱形的顶点放上原子罢了。所以准晶体不符合晶体的周期性要求，呈现五次对称性，具有正五角十二面体晶体结构。

●准晶体的原子排列呈六次周期结构

彭罗斯密铺虽然不具有周期性，但存在规则性。切换一下视角，我们可以说彭罗斯密铺的规则性中隐藏着某种周期性。举个例子，同样具有规则性，但不具有周期性的一元点列图——斐波纳契数列图。

斐波纳契数列图是一种简单的作图法：首先在二元的方格中画一条具有特定倾斜角的线，然后画一道该线平行的有一定幅度的区域，最后将该区域包含的格子顶点投影到线上。此时，线上的点列符合斐波纳契数列，存在长短两种点与点的间隔（下页图中的 L 和 S）。L 和 S 的排列不存在周期性（等距）。斐波纳契数列图从一元的角度来看，不存在周期性，但从二元的角度来看确实存在周期性结构。

●英国数学家、物理学家罗杰·彭罗斯

照片由 Biswarup Ganguly 提供

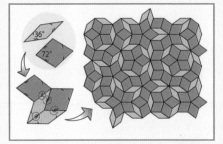

▼ 彭罗斯密铺

▼ 锌、锰、镝合金合成的准晶体

图片由日本东北大学多元物质科学研究所蔡安邦教授提供

图片由日本东北大学多元物质科学研究所蔡安邦教授提供

▼ 斐波纳契数列图

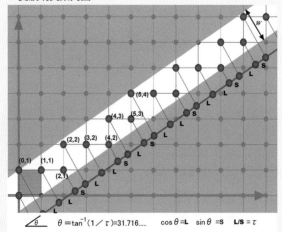

$\theta = \tan^{-1}(1/\tau) = 31.716\ldots\ldots$ $\cos\theta = \mathbf{L}$ $\sin\theta = \mathbf{S}$ $\mathbf{L/S} = \tau$

图片由日本东北大学多元物质科学研究所蔡安邦教授提供

> 　　在二元的正方形格子上画一条具有特定倾斜角的直线。随后画一个和该线平行的具有一定幅度的区域（白色区域），最后将该区域包含的格子顶点投影到线上。直线上点的间距分为长短两种（L 和 S）。这一点列存在某种规则性，比如 S 不会连续两次相接、L 不会连续三次相接等，却不存在周期性。

　　同样地，从次元扩展的视角来看，数学中的彭罗斯密铺可以看作五元周期结构的平面投影（二元准晶体），三元准晶体可以看作六元空间的三元投影。

　　虽说准晶体矿物"芳踪"是六元准晶体，但六元指的不是超越时空的异世界，而是其原子排列可以从数学上的六元周期结构投影角度来进行描述。1991 年，国际晶体学联合会拓展了晶体的定义，准晶体正式加入晶体大家族。

五角十二面体的晶体结构

黄铁矿常见五角十二面体晶形，是由下图所示的黄面发展而来，并不是正十二面体。除了准晶体之外，一般不存在正十二面体晶形。

▼ 黄铁矿的晶形

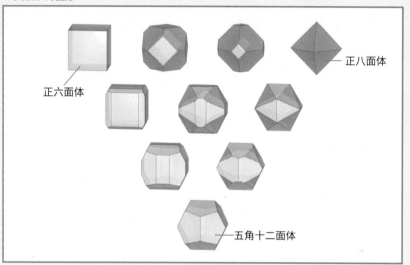

正六面体

正八面体

五角十二面体

晶体并非仅由单种晶面构成。上图中的黄铁矿也是由左边的正六面体和右边的正八面体两种晶面组合而成的。越往下，五角八面体的晶面越多，由小变大，最终构成五角十二面体。

化学式

化学成分是定义矿物的重要因素之一，化学式即表示物质化学成分的式子。矿物的化学式分为理想式、简略式和最简三种。理想式用来表示矿物的主要成分及其比例；简略式在此基础上还能表示可与主要元素发生反应的矿物元素；最简式是通过分析结果算出的式子，用元素符号表示化合物分子中各元素的原子个数比的最简关系式。这些化学式，要么表示元素组成，称为分子式；要么表示晶体的化学结构，称为示性式（结构式）。

刚玉的理想式为 Al_2O_3，表示构成刚玉的原子中 2/5 为铝（Al），3/5 为氧（O），它们的原子比为 Al：O=2：3。

刚玉的主要成分铝可被特定的矿物元素部分置换，如被铬（Cr）置换，构成红宝石；被钛（Ti）和铁（Fe）置换，构成蓝宝石。该现象用简略式可书写为 $(Al, Cr)_2O_3$ 和 $(Al, Ti, Fe)_2O_3$。括号内先写主要成分，用逗号隔开可置换的矿物元素。简略式在表示那些可构成固溶体的矿物时十分重要。

要注意，主要成分和矿物元素之间的比例不可能构成整数比，加之分析多少有误差，所以最简式无法用整数来表示。例如，红宝石的分析结果用最简式表示为 $(Al_{1.99}Cr_{0.01})O_3$ 或 $(Al_{1.99}Cr_{0.01})_{\Sigma 2.00}O_3$。

除了元素组成外，物质的结构（原子排列）对物质来说同样重要。结构式可以弥补分子式的不足，这点在矿物之外的物质上也适用。比如，乙醇（结构式：CH_3CH_2OH）的分子式为 C_2H_6O，二甲醚（结构式：CH_3OCH_3）的分子式同样为 C_2H_6O，仅用分子式无法区别二者。

同样地，矿物也可用晶体结构（原子排列）进行区别。比如，某种含硫（S）的矿物是硫化物矿物（含硫盐）还是硫酸盐矿物，某种含氮（N）的矿物是含铵矿物还是硝酸盐矿物，这些都取决于晶体结构。有趣的是，根据最新的定义，青金石的理想为 $Na_7Ca(Al_6Si_6O_{24})(SO_4)S_3 \cdot nH_2O$，这意味着青金石中的硫（S）罕见地构成了 $(SO_4)^{2-}$ 和 S_3^- 两种负离子团结构。

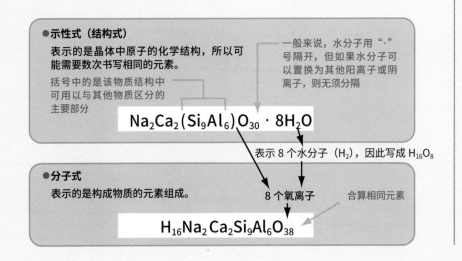

●示性式（结构式）
表示的是晶体中原子的化学结构，所以可能需要数次书写相同的元素。

括号中的是该物质结构中可用以与其他物质区分的主要部分

一般来说，水分子用"·"号隔开，但如果水分子可以置换为其他阳离子或阴离子，则无须分隔

$$Na_2Ca_2(Si_9Al_6)O_{30} \cdot 8H_2O$$

表示 8 个水分子（H_2），因此写成 $H_{16}O_8$

●分子式
表示的是构成物质的元素组成。

8 个氧离子

合算相同元素

$$H_{16}Na_2Ca_2Si_9Al_6O_{38}$$

绿帘石的化学式为 $(Si_2O_7)(SiO_4)$，这是通过解析晶体结构得出的式子。两种不同结构的硅氧配位四面体用分子式 Si_3O_{11} 是无法表示的。具体为两个硅氧配位四面体通过共享角顶氧连接构成的 Si_2O_7（双岛状硅酸盐矿物的特征）与单个硅氧配位四面体 SiO_4（单岛状硅酸盐矿物的特征）结合。根据矿物的分类规则，缩聚程度高则优先度高，所以绿帘石被归类为双岛状硅酸盐矿物。

在水合物的示性式中，会用符号 "·" 隔开水分子（H_2O）或沸石水。

绿松石既是氢氧化物，也是水合物。通过解析晶体结构，人们发现绿松石包含氢氧根〔$(OH)^-$〕也包含水分子（H_2O）。这一区别无法用分子式 $H_{16}CuAl_6P_4O_{28}$ 表示，但用结构式 $CuAl_6(PO_4)_4(OH)_8 \cdot 4H_2O$ 表示则一目了然。

下面看一个复杂一点儿的例子。中沸石的化学式为 $Na_2Ca_2(Si_9Al_6)$ $O_{30} \cdot 8H_2O$。该化学式中出现了括号和点号，但不影响元素符号和小数字的意义。我们可以看到，点号前有一个 O_{30}，点号后有一个数字 8 连接 H_2O，表示 8 个水分子。加上点号后的 8 个氧离子，整个化学式中氧离子的总数为 38 个，氢离子的总数为 16 个。因此中沸石的化学式可以简化为 $H_{16}Na_2Ca_2Si_9Al_6O_{38}$。书写示性式必须考虑晶体中的原子排列。比如，中沸石的示性式中 Si_9Al_6 表示的是构成晶体结构的配位多面体中心被硅或铝占据，其原子比为 Si：Al=9：6(3：2)。之前也提到过简略式中可置换主要成分的矿物元素要写为 (Mg, Fe, Mn, ……) 这种形式。一般来说，示性式表示在晶体结构中可占据同一位置的原子时，如果没有小数字，则默认写在前面的原子含量高。

晶体结构

晶体中的原子在三维空间中做有规律的周期性重复排列（平移对称性）。通过进一步探究，可以发现原子排列呈平行六面体的形状，组成一个个立体的格子。这些格子被称为晶胞。

不同矿物的晶胞大小和形状各不相同，但拥有相同晶体结构的矿物晶胞相同。晶胞的大小和形状通过晶格常数表示，即三条边（晶轴：a、b、c）和晶轴的夹角（α、β、γ）。晶格常数和晶系有密切的关系。通过衍射实验，可以确定某晶体的晶格常数。

要将无限重复的原子排列全部表示出来是不现实的，但可以通过表示单个晶胞中的原子排列来确定晶体整体的原子排列（晶体结构）。

立体模型有助于人们理解立体的原子排列，晶体结构模型也常用于教育中。

过去人们尝试在纸上表示立体的原子排列，例如绘制投影图或运用远近法从数个方向绘制透视图等。但如今，随着 VESTA 这类可视化软件的出现，人们在屏幕上即可随意旋转立体模型，使理解晶体结构不再困难。

晶体结构图除了在平面上表示晶体结构模型的球棍模型之外，也常使用配位多面体来表示，二者混用也是可能的。同时，还可以使用类球面来表示配位多面体中的原子大小（电子云的扩展）。

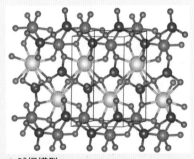

▲ 球棍模型　　　　　　　　　▲ 通过配位多面体进行表示

●硬玉的晶体结构图

本书第 23 页的晶体结构图中的硅氧四面体是通过配位多面体来表示的，目的是区别于辉石的硅酸盐链状结构。该图使用软件 VESTA 绘制。

第 2 章

矿物的性质

矿物因其化学成分和原子排列不同，具有特定的性质，如颜色、形状、重量、硬度。这些性质可以帮助我们对矿物进行鉴别。

◆颜色

物质的颜色是因为反射或辐射特定颜色的光而呈现的，电子在其中发挥了巨大的作用。

○物质呈现颜色的原因

太阳光等的白色光是由从紫到红的连续波长的可见光谱构成的。通过棱镜等分光器可以将太阳光分解成彩虹的颜色（色散）。

包括矿物在内的物质之所以呈现某种颜色，是因为物质通过显著反射、穿透、辐射或吸收特定波长（频率）的光，而该光源包含从紫到红的某一色调的光学频谱。

例如，某物质仅反射黄色光，就会呈现黄色。如果某物质仅吸收蓝色光，也会呈现黄色，因为黄色是蓝色的互补色。如果某物质能辐射（或反射）全部波长的可见光，就会呈现耀眼的白色。反之，如果某物质不能辐射（或反射）可见光，就会呈现黑色。

物质能反射（或辐射）哪种颜色，取决于原子和电子，可见光与物质发生作用，引发对光的反射、吸收等一系列现象。

▲ 棱镜下光的色散

○物质在电子的作用下显色

电子的状态变化（电子跃迁）时会吸收或释放能量，这一过程决定物质是吸收光还是辐射光。当物质吸收可见光能量时，电子处于激发态，物质显示颜色。电子回归基态时释放能量，物质辐射可见光，同样显示颜色。

根据量子力学理论，物质的原子核外电子的状态是不连续的，具有不连续的能级。也就是说，能级差是阶梯爬升的关系，而非坡道一般连续。

原子间发生作用时会产生能级（陡峭的阶梯），即电子从基态（站在地面上）向激发态（攀爬阶梯）跃迁时所需的能量。此时电子处于基态，不吸收也不释放能量。

当电子吸收了足以跃迁的能量值（例如吸收光能）时，会从基态转化为激发态，开始跃迁到高能量轨道上。

此时，物质吸收的光能（或波长）等同于电子基态和激发态的能级差。因此，经过物质反射（或穿透）的光谱才会失去被物质吸收的特定波长的光。

吸收可见光能量进行电子跃迁的例子数不胜数，如电荷转移吸收带、基于能带理论的分子轨道间的电子跃迁、共轭体系中碳碳双键的 π 电子跃迁以及过渡金属中 d 电子的 d-d 跃迁等。

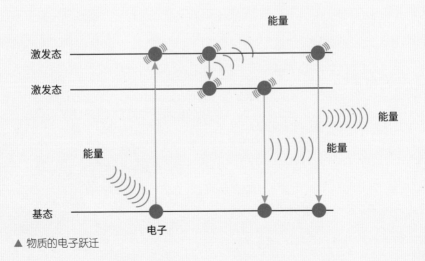

▲ 物质的电子跃迁

一个原子中的价电子跃迁至另一个原子时，往往伴随着强烈的显色作用。如蓝宝石之所以呈现浓重的蓝色，是因为在进行氧化还原反应时发生电荷转移：$Fe^{2+}+Ti^{4+} \rightarrow Fe^{3+}+Ti^{3+}$，即电子发生容许跃迁。除此之外，不同价数的原子通过桥接配体进行结合（如磁铁矿 Fe_3O_4 中的 Fe^{2+}-O-Fe^{3+}），过程中发生电荷转移（电荷转移吸收带），使物质呈现出浓重的颜色。

大多数主族元素的氧化物无色，但其硫化物有色。比如，硫镉矿（CdS）和辰砂（HgS）就呈现浓重的黄色和红色。这是因为原子的电子被激发，从硫离子（S^{2-}）轨道跃迁到了金属离子轨道（带隙跃迁）。

含碳碳双键的有机物也是有色物质（如染料等），这是因为 π 电子发生了跃迁。例如，石墨之所以是黑色的，就是因为碳碳双键在结合时吸收了所有的可见光能量，提供给 π 电子进行跃迁。

锰、铁、钴、镍、铜等金属构成的矿物颜色明亮，原因在于电子发生了 d-d 跃迁。一般来说，d-d 跃迁为同一原子内的禁阻跃迁，所以矿物的颜色明亮，但饱和度偏低。

红宝石的红色看起来比蓝宝石的蓝色（来源于容许跃迁）要浅，原因在于其致色因子是禁阻跃迁。d-d 跃迁下物质呈现的颜色明亮、鲜艳，适合制成珠宝饰品，但其粉末的颜色（条痕色）或浅或白，不宜作为颜料使用。

不含 π 电子和 d 电子的矿物也有颜色。有些是因为晶体场能级分裂，与可见光产生的能量差致色。有些是因为受热等环境变化形成点缺陷构成色心，导致褪色、脱色。水（冰）之所以是淡蓝色的，是因为水分子简正振动发出的叠加波和谐波在可见光区域被吸收了。

呈现金属光泽的矿物带自由电子，可以导电。金和铜可以吸收从紫外线到可见光区域的光，所以反射光为独特的金属黄和金属红。接下来要介绍的结构色（由光的波长或微细结构引发颜色效应）也呈现金属光泽。

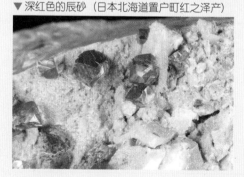

▼ 深红色的辰砂（日本北海道置户町红之泽产）

○物质受光的干涉和色散影响而显色

结构色是一种由光的干涉和色散引起的光学效应，其主要特征是色调会随观测角度变化。结构的周期性和可见光波长相近的物质，受可见光的干涉影响更大。

黄铜矿本身呈明亮的浅黄铜色，但表面的氧化膜呈油膜般的紫绿色，属于结构色的一种。另外，蛋白石呈现的彩虹色也属于结构色，这是因为蛋白石内部整齐堆叠的硅原子使可见光发生干涉，引发了干涉色。

光在各种透明物质中的传播速度与在真空中传播速度的比值，被称为折射率（后面会详细介绍）。另外，光在同一物质中的传播速度还略微受波长的影响。

光在一定介质中传导时的速度与波长之间微妙的关系被称为色散关系，棱镜正是利用这一点实现了分光。色散关系（即折射率受波长影响的大小）在折射率高的物质上更明显。由于不同物质具有不同的色散值，所以色散在矿物鉴定方面也能发挥作用。

金刚石作为高色散值矿物的代表，具有很高的折射率，能反射出被称为"火彩"的彩色光芒。仿金刚石的原材料合成的立方氧化锆虽然折射率和金刚石类似，但色散值比金刚石高，这一点可用于鉴定金刚石的真伪。使用高色散值的物质观察物体，易产生色差，所以金刚石不适合用来制作光学透镜，低色散值的材料（如萤石等）更合适。

第 2 章 ◆ 矿物的性质

▲ 彩虹色的蛋白石（澳大利亚产）

○晶体大小与颜色浓淡的关系

当矿物呈色极大地依赖光的穿透或内反射时，晶体大小也将极大地影响矿物的颜色。孔雀石浓淡不一的绿色纹理就是不同部位的粒径（粒子的尺寸）差异导致的。

我们可能会误认为孔雀石颜色越浓的部分显色成分越多，但其实所有部分的化学组成都是一样的。绿色的浓淡差别缘于粒子大小的差异。

颜色浓淡和粒径之间的关系也被运用在绘制壁画中。因为颗粒大小不同，在水中沉淀的速度也不同，所以人们可以通过淘洗、沉淀颜料粉的方法来制备浓淡不同的颜料。

由于粒径会影响矿物颜色的浓淡，所以一般不将矿物的颜色作为其特征。人们运用条痕色这一概念来替代矿物的颜色。条痕色是指矿物在白色无釉瓷板或硅质板岩上划擦，留下的粉末的颜色。矿物粉末较细的粒径便于比较和观察，且矿物都拥有自己独特的条痕色。

同时，在无釉瓷板上划擦样本，可以以最小的磨损观察粉末的颜色。条痕色不受因粒径产生的色差影响，可以用于鉴定呈现相同金属光泽的矿物。

例如，自然金、黄铁矿、黄铜矿均呈现金黄色金属光泽，仅凭颜色和光泽难以分辨。

▲ 黄铁矿和菱锰矿的条痕色

但它们的条痕色分别为金黄色、暗灰色、绿灰色，使用条痕色便可轻易地分辨。

如果是同样呈黑色或暗灰色金属光泽的磁铁矿、钛铁矿、镜铁矿（赤铁矿的变种），当我们没有测量晶形和密度的仪器时，可以通过它们各自独有的黑色、褐色、红色的条痕色进行区分。

颜色的描述方法

著名的孟塞尔颜色系统（色度学中通过色相、彩度、明度三个维度来描述颜色的系统，由美国艺术家阿尔伯特·亨利·孟塞尔于1898年提出）也难以完全描述矿物的颜色。

●色调无法数值化

实际上，人对颜色的感知很大程度上依赖光源，为了表示微妙的色调差异，人们使用赤、朱、红、绯等词进行描述。而且，之所以无法通过数值来表示矿物的颜色，是有一定的道理的。

●以矿物命名的颜色

用语言来描述颜色这件事看似简单，实则很难。为此，人们会将大自然中存在的物质，特别是动物、植物、矿物的名称当作颜色的名称。甚至有些以矿物命名的颜色被当成了标准色。18世纪德国地质学家亚伯拉罕·戈特洛布·维尔纳提出的颜色命名方法——维尔纳颜色命名法，是如今命名自然界物质颜色的基本方法。

以矿物命名的颜色有石墨黑、玛瑙红等。还有一些矿物是颜料的原材料，同时也成为其颜色的命名物，如孔雀石绿（孔雀石）、石青色（石青即蓝铜矿）、朱砂红（朱砂即辰砂）。

同时，也存在以元素名命名的颜色，如钴蓝、铬黄、铅白、锌白等。

●苹果绿和青苹果

如果不清楚颜色的名称所指的物体，自然无法想象其色调。举个例子，矿物相关的论文都是刊登在国际学术杂志上的，统一用英文撰写，有时候会有一些非英语母语者无法理解的表达。例如，英文文献中砷钇铜石 $[(Y, Ca)Cu_6(AsO_4)_3(OH)_6 \cdot 3H_2O]$ 的颜色被描述为 apple green，直译为苹果绿。虽然可以想象到是绿色系的，但样本呈现的绿色明显比那些苹果园中未成熟的苹果要绿得多，这让读者一度感到困惑。后来，人们知道这种苹果绿指的是澳洲青苹果（一种苹果，比一般的青苹果绿得多）的颜色，才得以理解。

● 澳洲青苹果

照片由Sven Teschke提供

第2章 ◆ 矿物的性质

◆光泽

光泽指的是矿物表面反射可见光产生的亮光。矿物种具有独特的光泽，有助于人们用肉眼观察。

○矿物的光泽

矿物的光泽取决于矿物表面的状态和性质，如反射率、折射率、透明度等。光泽本身无法量化，一般用常见物质和矿物来形容。光泽的强度没有严格的区分标准，经常冠以"半"字，表示接近某种光泽，如半金属光泽等。

●金属光泽

不透明矿物平滑的表面有较强的反射能力。这点在尚未氧化的金属矿物和硫化物矿物上尤为明显，它们大多数为导体，自由电子是其反射能力的来源。桃金吉丁等甲虫类昆虫外壳上常见的金属光泽则是甲壳的多分子层因光干涉而产生的结构色。

●金刚（金刚石）光泽

透明矿物的最强光泽，缘于高折射率伴随的内反射。

●玻璃光泽

大多数透明矿物、造岩矿物、宝石均呈玻璃光泽，折射率大概处于金刚光泽和树脂光泽之间。

●树脂光泽

常见于透明度较低且折射率较低的矿物，如琥珀、自然硫等，是一种近似合成树脂的光泽。

●油脂光泽

近似润滑脂的光泽，比树脂光泽透明度低，反光柔和。

●珍珠光泽

由于光的干涉，呈现彩虹般的光泽，常见于半透明矿物，整体呈现珍珠般的光泽。此外，有玻璃质光泽的矿物的解理面也可见珍珠光泽。

●丝绢光泽

丝绢般的光泽，常见于纤维状晶体的集合体。

●土状光泽

光泽暗淡或无光泽。

◆透明度、折射率

透明度根据可见光穿透晶体的程度，分为透明、不透明、半透明三种类型。

○矿物的状态改变，透明度随之改变

一些看起来不透光的深色晶体切割成薄片后，其实是透明的，包括有金属光泽的自然金，它制成金箔后是透明的。内部多裂痕的大型晶体或细小晶体的集合体，由于光的漫反射而不透光。矿物的状态改变，透明度随之改变。

○通过折射率推定晶系和晶位

我们知道可见光在不同物质中的传播速度不同，但要测出光的速度并非易事。光速和折射率呈反比，所以折射率经常用来表示矿物的光学性质。

光在等轴晶系（包括水和玻璃这类非晶质矿物）晶体中任意方向的传播速度相等，即折射率相等。

与之相对的是，光在四方晶系及其他对称性低的晶系晶体中不同方向的传播速度不等，即折射率不等。利用这一特性，我们可以通过计算折射率来推定矿物的晶系和晶位。

○寻常光与非寻常光

任意方向折射率相等的光学性质被称为光学各向同性，而方向不同、折射率不同被称为光学各向异性。光学各向异性的晶体拥有两个折射率，因为光进入晶体后在两个方向以不同速度前进。这一现象被称为双折射，从方解石这类双折射现象明显的矿物结晶中可以看到双像或复像。

手持晶体转动，其中的一个像（停留在平面的像）位置不变，而另一个像随着旋转角度改变，进行圆形运动。这两种像分别对应寻常光和非寻常光，前者不受晶位和入射角影响，折射率恒定；后者受晶位和入射角影响，折射率不等。

○通过光学数据判定晶系

非寻常光的折射率可能会在某个方向上等同于寻常光的折射率，光沿着这个特定方向入射时不发生双折射现象。这个方向被称为光轴，光轴上寻常光和非寻常光速度相同。光轴数量为一的晶体是一轴晶，四方晶系、六方晶系和三方晶系属于一轴晶。

另外，双像中的两个像可能都会随观察角度不同而改变位置，即两条光线都为非寻常光。此时，晶体中有两个方向可以使两条异常光折射率相等，即拥有两条光轴。这类晶体被称为二轴晶，斜方晶系、单斜晶系和三斜晶系属于二轴晶。

一轴晶和二轴晶中两条光线的折射率大小及光轴角不同，一轴晶为正，二轴晶为负。晶体的光学性质和晶体的对称性，即原子排列的对称性密切相关，即使我们无法做晶体学的相关实验（如自形晶晶形测定实验、X 光衍射实验等），也可以通过光学数据判定其晶系。

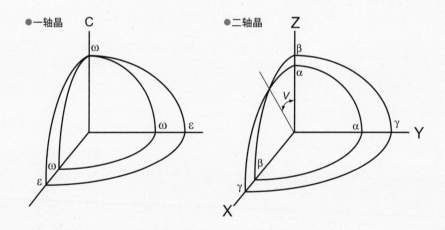

◆晶形

晶体在没有限制的空间中会成长为自身应有的几何多面体外形（晶形）。晶形由光滑的晶面构成，是晶体结构的外在反映。

○形状各异的晶形

反映晶体结构（原子排列）自身应有形状的晶体被称为自形晶。受空间限制，无法发育成自身应有的形状，只是填充空间的结晶被称为他形晶。晶体发育不完整，可见部分自形的晶体被称为半自形晶。

晶体形态分为纤维状、针状、柱状、粒状、板状和双锥状等。柱状是理想的晶体形态，由上下两个底面（端面）和复数侧边柱面构成。底面的形状取决于柱面数，底面为六边形，则柱面数为六个，表示其为六方柱状晶体。同理，底面为四边形时，柱面数为四个，四边形分为正方形、长方形、菱形和平行四面形等，同时底面和柱面的夹角并非固定直角，所以不统称它们为四方柱状晶体，而是以其对应的形状来称呼。

当锥面取代柱状底面时，构成锥体。当侧面缩短到极限时，构成双锥晶体。针状可看作细长的柱状，纤维状比针状更加细长。

当柱状晶体侧面的长度与底面的长度相等时，构成粒状晶体。六个正方形构成的晶形叫作正方体，八个正三角形构成的晶形叫作正八面体，五个正五边形构成的晶形叫作正十二面体。

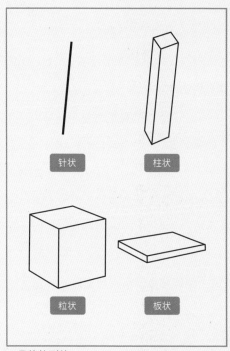

针状　柱状

粒状　板状

▲晶体的形状

板状晶体则可看作在柱状晶体的基础上切短侧面、增大底面而构成的。板状晶体和柱状晶体一样，有更加详细的分类，如六方板状晶体。

○用晶轴夹角表示晶面

我们可以基于晶形反映的对称性推算晶轴。在柱状晶体的延长方向和板状晶体的地面垂线上，经常可以发现它们的旋转轴，即主轴。

在考察晶形时可以发现，和主轴相交的两条轴分别对应侧面的垂直方向和底面的对角方向。这三条轴（晶轴）和晶体结构中晶胞的晶轴相关。

晶面可用晶面指数（米勒指数）表示，具体数值为晶面在晶轴所截截距。晶面垂直于晶轴，指数为 1；平行于晶轴，指数为 ∞（无穷大），三条对称轴在晶轴所截截距分别表示为 h、k、l。

基于晶格常数（晶胞晶轴的长度及角度），晶面指数 h : k : l 可以化成简洁的整数比（基于有理指数定律）。比如，晶面指数为 1/2 : 1 : 1 时（即晶面与 a 轴构成 45 度角，垂直于 b 轴、c 轴），化为倒数表示为 2 : 1 : 1。晶面指数为 1/∞ : 1/∞ : 1 时（即晶面平行于 a 轴、b 轴，垂直于 c 轴），化为倒数表示为 0 : 0 : 1。

晶位分正位和倒位，用指数表示倒位时，需要在数字上标注上划线，211 的倒位为 $\overline{211}$（即 -2 -1 -1）。001 的倒位为 $\overline{001}$（即 0 0 -1）。不过，正位和倒位是相对关系（互为正反），标注时可省略负记号，写在括号里，以表示晶位，如（211）、（001）。

等轴晶系的晶位 111 具有无数个等价的倒位，如 $\overline{111}$、$\overline{111}$，使用带大括号的米勒指数 {hkl} 来表示这个晶面。另外，晶面形成的集合被称为晶带，晶带中的诸晶面平行于一条公共轴，这条轴称为晶带轴。晶带轴用晶轴的原点（0，0，0）和直线点阵的坐标 u、v、w 表示，记作 [u, v, w]。

除了晶面指数外，晶面还能用晶面符号表示。晶面符号可用小写英文字母或希腊字母表示，但学界还未统一具体使用规则。

○多样的晶面组合

晶体因发育条件不同会形成不同的形状。本应发育成柱状的矿物沿着同一方向发育时会变成针状，沿着两个方向发育时会变成板状。

另外，矿物因发育条件不同，晶面组合（晶相）也会发生变化。比如，属于等轴晶系的萤石（CaF_2）除了 {100}（a 面）的立方体晶体形态和 {111}（o 面）的八面体晶体形态外，还有 {100} 和 {111} 组合的立体形状，类似于八个角被正三角形削去的立方体。

{100}（a 面）和 {111}（o 面）分别为红紫色和蓝紫色。左上角的立方体由六个等价 {100}（a 面）正方形组成，右下角的正八面体由八个等价的 {111}（o 面）正三角形组成。右上角的立方体相当于左上角的立方体的八个顶点被 {111}（o 面）正三角形削去的状态，进一步发展成左下角立方体的状态，最终六个 {100}（a 面）彻底消失，成为右下角的正八面体。

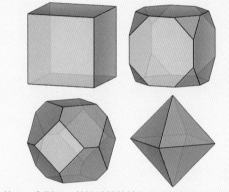

▲ 萤石、金刚石、黄铁矿等等轴晶系晶体的常见晶相

○晶面发育存在差异

同一晶相中，各个晶面的发育情况也存在差异，这种现象称为晶习。各个晶面发育为等价且大小和形状一致时，称为理想形。水晶（石英）的典型形状是六个侧面 {10$\bar{1}$0}（m 面）（下图右二）和上下各三个的锥面 {10$\bar{1}$1}（r 面）{0$\bar{1}$11}（z 面）构成的六方柱状晶体（下图右一）。但有时也能见到仅 {10$\bar{1}$1}（r 面）发达的四方柱状晶体（下图左二）或仅 {10$\bar{1}$0}（m 面）发达的板状晶体（下图左一）。

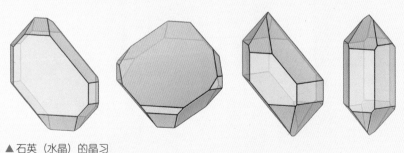

▲ 石英（水晶）的晶习

{10$\bar{1}$0}（m 面）、{10$\bar{1}$1}（r 面）、{0$\bar{1}$11}（z 面）分别为灰色、红紫色、蓝紫色。

○晶体集合体的形态

矿物形态不仅受晶体形态影响，还受晶体集合体形态（集合体结构）的影响。后者不仅是矿物形成过程的反映，还能反映重要的地质信息。根据晶体发育方位，晶体集合体分为双晶和平行连生两类。

双晶是指由两个同类晶体构成，双晶面和双晶轴具备一定对称关系的规则连生体。双晶之间通过接合面的化学键接合，区别于两个晶体在不规则方向接合的连生体。各种矿物种出现双晶的概率不一，有些矿物的双晶常见，有些则不存在双晶，其中有些矿物甚至具有不同的双晶（即不同接合面的双晶）。

复数晶体按同一晶向排列集合成的规则连生体叫作平行连生。平行连生常见于束状、纤维状集合体。

晶体集合体的形态还包括放射状、半球状、球状、球晶状、鲕状、葡萄状、佛头状、钟乳状、豆状、苔状、皮革状等。不同种类矿物的集合体还有一些独特的形态（集合体结构）。

比如，人们在单晶衬底上以同一晶位生长异种晶体层（外延生长）时出现的外延结构、多种矿物溶液同时结晶或发育时形成的共融结构（文象结构的一种）、胶体微粒子沉淀成同心圆环状形成的胶体结构、宿主矿物内捕获异种晶体或流体形成的包裹体，以及一些溶蚀或分解的相变过程中形成的结构等。

●石英的双晶（日本长崎县五岛市奈留岛产）

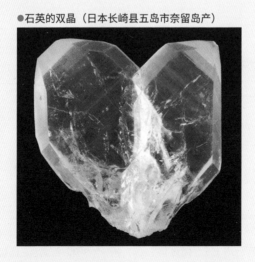

◆密度、相对密度

密度是指单位体积物质的质量。相对密度是指纯净矿物在空气中的重量与同体积纯水重量的比值。密度和相对密度的值相当接近，但严格来说并不相等。由于相对密度没有单位，书写方便，多用于矿物数据。

○密度和相对密度可用于鉴定矿物种

密度和决定矿物种性质的化学组成及晶体结构密切相关，这些数据也可用于计算密度。特定矿物具有相对稳定的化学组成和晶体结构，密度也相对固定。所以密度是矿物性质中重要的一项。

矿物的相对密度范围很广，如琥珀的相对密度小于1，可漂浮在水面上，而自然铂的相对密度甚至大于20。在野外实地考察时，不少研究人员会用手掂量矿物，大致推测相对密度，据此辨别矿物种。

○密度的测量方法

如果知道正确的质量和体积，就可以算出密度。但实际上，测量体积并不容易。一般来说，测量体积时会将样本放入液体中，再测量溢出或上升的液体体积。液体的体积可以通过液面的上升量计算，或直接测量溢出液体的体积。另外，基于阿基米德定律，通过计算样本在液体中所受的浮力，也可求得密度。

测量密度的仪器有比重瓶（玻璃制密度测量容器）和韦氏静力天平（可用于测量浮体和液体）。晶胞的体积和原子总质量也可用于密度计算。所需数值有分子量M、晶胞体积V、晶胞所含分子量化学式的数量Z和阿伏伽德罗常数NA，通过公式p=MZ/NAV可算出。

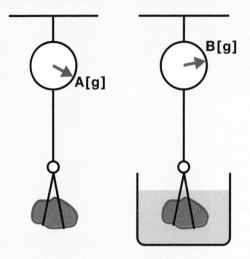

●阿基米德定律原理图

A[g]

B[g]

A 表示矿物的重力（g），B 表示矿物在水中的重力（g）。A 和 B 的差（A-B）是矿物在同等体积的水里所受的浮力。用矿物的质量除以体积，就可以得到矿物的密度。

○高密度矿物

高密度矿物可能多含原子序数大的元素。在化学组成相同的矿物中，密度较高的可能是在高压环境下形成的。有些高密度矿物在地幔形成后就被地质作用带到地表，这些矿物对研究地球形成和地球内部地质作用或有极大帮助。

○认识地球的钥匙

矿物种之间的密度差被用于选矿。例如，实验室常用的重液分离、矿场常用的重力选矿法等。

地球的重力使矿物的密度差可用于选矿，这一原理同样可以解释地球是如何形成圈层结构的。高温、高压条件下形成的岩浆和矿物的密度是认识地球的关键信息，如何解析这一信息也是今后的重要课题。

单位

单位指的是用具体数值表示事物程度时，为了方便区分和比较所用的计量基准。

●最普遍使用的国际单位制

最常用的长度单位是米，还存在千米等其他单位。不同单位并用时，换算不便，所以国际度量衡委员会研究制定出一整套标准度量系统，即国际单位制，被全世界普遍采用。

●基本单位、辅助单位和导出单位

国际单位分成基本单位、辅助单位和导出单位，其中导出单位由基本单位通过定义、定律或一定的关系式推导而成。基本单位有长度（米）、质量（千克）、时间（秒）、电流（安培）、热力学温度（开尔文）、物质的量（摩尔）、发光强度（坎德拉）。

辅助单位有平面角（弧度）和立体角（球面度）两种，现已并入导出单位。弧长等于半径的弧，其所对的圆心角为1弧度。面积（平方米）、体积（立方米）、密度（千克／立方米）、速度（米／秒）、加速度（米／平方秒）等为导出单位。

●具有专门名称的导出单位

一些导出单位具有专门名称，如频率（赫兹）、力（牛顿）、压强（帕斯卡）、能（焦耳）、功率（瓦特）、摄氏温度（摄氏度）、电压（伏特）、电阻（欧姆）、磁通密度（特斯拉）等。

此外，我们在日常生活中还会使用国际单位制尚未精准定义的可并用单位，如分钟、小时、日、度、角分、角秒、升、吨等。

●精简位数的单位前缀

当位数较多时，可以使用单位前缀进行表示。

如，吉（10^9，G）、兆（10^6，M）、千（10^3，k）、百（10^2，h）、十（10，da）、分（10^{-1}，d）、毫（10^{-3}，m）、微（10^{-6}，μ）、纳（10^{-9}，n）等。

◆ 解理

在我们的认知中，矿物较为坚硬，但矿物破裂也十分常见。矿物破裂的方式各具特色。

○ 解理是晶体结构的反映

矿物破裂现象的背后是原子键的断裂，它和物质中原子键结合的强弱、多少以及方向密切相关，受原子排列即晶体结构的影响。

同种矿物化学组成和晶体结构相同，破裂方式一致。所以矿物的破裂方式同样是辨别矿物的依据之一。

解理是具有代表性的矿物破裂现象，破裂面平滑。平滑的表面是因为晶体容易沿着原子键结合弱（或少）的方向垂直破裂。

解理是晶体结构的反映，同种矿物具有同种解理。解理产生的面叫作解理面，区别于晶面（晶体发育产生的平面）。

一种矿物可能有多种方向的解理，其中解理面间的角度固定，这也从侧面证明了解理能够反映晶体结构。

○ 坚硬如金刚石也有解理

云母具有一组解理，数量多且解理明显，是一组解理的代表矿物。岩盐和方解石虽然同为三组解理，但反映各自不同的晶体构造。从解理的夹角来看，岩盐呈直角，而方解石不呈直角。

此外，和岩盐同属于等轴晶系的金刚石具有四组解理。金刚石原石的晶体形态为正八面体，晶体沿着晶面平行裂开，形成解理。

●方解石的解理（日本茨城县笠间市柊山产）

●破裂的白云母薄片

○解理不能量化

解理多样且无法量化。有些矿物十分坚硬，但性脆，解理面平滑；有些矿物易碎，但解理面不清晰。可以使用分级来表示解理程度，如完全、中等、不完全、无解理等。

有些矿物没有解理。没有解理是它们的特征，这些矿物的破裂面叫作断口，常见类型有贝壳状断口、土状断口、参差状断口、多片状断口等。

石英没有解理，它的破裂面是玻璃般的曲面，被称为玻璃状断口。石英晶体结构中原子键能量均衡，不存在能量较弱的方向，故形成无方向性的破裂面。

◆硬度

硬度指物质局部抵抗硬物压入其表面的能力。由于测试方法不同，硬度标准也不同。

○硬度的特性

固体在外力作用下会发生不同程度的形变。柔软是指固体受到较小外力作用时发生较强的形变，而坚硬是指固体受到较大外力作用时发生较弱的形变或不发生形变。

撤销外力作用后，固体恢复原状，这一特性被称为弹性。撤销外力作用后，形变不消失的特性叫作挠性。当外力达到某个极限值时，固体的弹性可能会变为挠性，这个值称为弹性限度。有弹性的坚硬固体具有刚性。

物质的硬度和其原子键的种类、原子堆叠方位、频度密切相关。共价键结合力强，杂化轨道作用下结合方向和距离稳定，这类物质具有坚硬的特性。根据化学键种类排列硬度高低，大致顺序为共价键、金属键、离子键、氢键、分子间作用力。

○利用刻痕测定矿物硬度

矿物的硬度多用维氏硬度或摩氏硬度表示。维氏硬度广泛应用于工业材料的硬度测定，具体方法为将正四角锥形的金刚石压入待测样本的平滑表面，再通过压痕计算硬度。

摩氏硬度由奥地利矿物学家弗里德里希·摩斯首先提出，后经过改良，将十种常见矿物的硬度由小到大分为十级：滑石 1、石膏 2、方解石 3、萤石 4、磷灰石 5、正长石 6、石英 7、黄玉 8、刚玉 9、金刚石 10。具体鉴定方法是用上述矿物刻划测试矿物，如果测试矿物表面出现刻痕，则说明测试矿物硬度小于上述矿物。反之同理。

例如，用萤石刻划某测试矿物无划痕，用磷灰石刻划却有划痕，则该矿物硬度介于 4 和 5 之间，写作 4.5。摩氏硬度不是物理量，也无法量化，所以没必要进一步细化成 4.25、4.3 等数据。

所幸摩氏硬度和维氏硬度在硬度大小的顺序上不矛盾，方便使用。摩氏硬度不是物理量，在野外考察时使用方便，已得到广泛应用。另外，市面上还销售专门的刻划用合金，用来替代上述标准矿物，十分方便。

自然金、自然铜等金属矿物，在压缩应力作用下，体积不变且会沿着力的垂直方向延伸成薄片，这一性质被称作展性。受到拉伸力作用，发生线性变形的性质被称作延性。这两种性质常见于金属元素矿物（自然金等），部分碲化物矿物和硫化物矿物也具有延展性。

●德国地质学家、矿物学家弗里德里希·摩斯

●十种常见矿物的摩氏硬度

硬度	主要矿物	有无划痕
1	滑石	最柔软的矿物
2	石膏	用指甲容易刻划
3	方解石	可以用硬币刻划
4	萤石	用刀具容易刻划
5	磷灰石	很难用刀具刻划
6	正长石	用刀具不能刻划，刀具会损坏
7	石英	可以在玻璃和钢铁上刻划
8	黄玉	可以在石英上刻划
9	刚玉	可以在石英和黄玉上刻划
10	金刚石	最硬的矿物

●摩氏硬度和维氏硬度的对比

摩氏硬度	维氏硬度（kg/mm²）	摩氏硬度	维氏硬度（kg/mm²）
1	～45	6	～740
2	～56	7	～1150
3	～130	8	～1650
4	～195	9	～2100
5	～600	10	-

维氏硬度测出的数值有浮动，因此要取平均值。

关于硬度

　　说到矿物，人们总会想起各种坚硬的石头。其实，不同矿物的硬度各不相同，有些矿物甚至比指甲还柔软。

　　从科学的角度来讲，硬度分为很多种，拥有不同的含义。

●科学中的硬度

　　物质在外力作用下抵抗变形和断裂的能力与物质的硬度密切相关。也就是说，硬度和强度密不可分，但二者并不单纯相等。如玻璃坚硬但易碎，橡胶柔软却抗断裂。

　　坚硬的石头在极大的外力作用下依然会破碎，从某种意义上来说它是脆弱的。至于生铁这类金属，施加强作用力会导致其形变，但不会断裂，这就是强度上的差距。

●抵抗形变的性质

　　形变分为弹性形变和塑性形变两种。虽然在结晶上观察不到十分明显的形变，但形变依然存在。

　　某些矿物（如赞岐石）受到敲击会发出声音，这是矿物内部按照一定周期反复形变引发振动的结果。这就是刚性（物质在外力作用下抵抗形变的能力）高的表现，刚性和弹性有显著的区别。金刚石、石英等刚性高的物质是表面波的良好介质，其合成品被广泛应用于电子设备制作。

●硬度的测定方法

　　虽然矿物形变不明显，但用极度坚硬的物质按压矿物时会留下凹痕（塑性形变）。维氏硬度就是利用这一特性，被广泛运用于工业材料的硬度测定。

　　具体方法式是使用相对面夹角 $\alpha=136$ 度的正四面锥金刚石压入样本的平滑表面，测量压痕对角线的长度，再按公式 [维氏硬度 $=1.854\times$ 负荷 $\div$ （平均压痕对角线长)^2] 算出硬度。

　　除了维氏硬度外，努氏硬度、布氏硬度等基于塑性形变特性的硬度测定方法也在工业材料领域得到了广泛应用。此外，体积模量（不可压缩量）、杨氏模量（弹性模量）和刚度值分别表示物质的压缩应力、拉伸应力和剪应力的物理值，它们也常用于工业材料领域。但在矿物学中，一般还是使用方便的摩氏硬度，仅通过划痕即可大致判断硬度。在这一点上，摩氏硬度和地震烈度的原理有些相似。

●维氏硬度操作简图

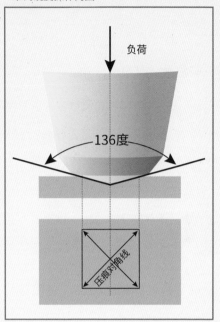

负荷

136度

压痕对角线

●维氏硬度测定产生的压痕

●压头和压头校正片

◆磁性、导电性

会被磁铁吸引的矿物具有磁性，被称为磁性矿物。物体传导电流的能力即导电性。

○具有磁性的矿物

具有磁性的矿物种仅有以铁或镍为主要成分的自然元素矿物、氧化物矿物和硫化物矿物。但要注意，并不是主要成分为铁或镍的矿物就具有磁性。可以根据是否有磁性以及磁性的强弱来辨别矿物。

岩浆岩及沉积岩中包含的磁性矿物有天然的剩余磁性，记录着矿物形成时地球磁场的情况，承载着遥远过去的地磁气信息。可以利用矿物具有的磁性进行精炼前的矿石筛选（磁选法）。

○通过金属光泽判断矿物的导电性

根据导电特性的不同，矿物可分为导体、半导体、绝缘体三类。一般来说，同种矿物会呈现相同的导电特性，但是矿物中若掺杂其他微量元素，可能会改变其导电特性。我们可以通过光泽来判断矿物的导电性，像石墨和自然金等带自由电子的导电矿物便呈现金属光泽。

矿石机的检波器中常使用的硫化物矿物多为半导体矿物，如黄铁矿、方铅矿、闪锌矿等。半导体矿物会呈现金属光泽或半金属光泽。如果某矿物的结晶是由稳定的共价键或离子键构成的，则属于绝缘体。

有些矿物因含有微量元素而成为半导体，如金刚石。近年来，人们发现，有些矿物之所以具有导电性，不是因为电子导电，而是因为离子运动导电。这些矿物具有离子导体的特性（如辉银矿在高温相状态时银离子运动导电等）。

○结晶加热、加压后会产生电流

矿物的晶体在加热或加压后会产生电流。这一现象被称为热电效应或压电效应。关于热电效应，有这样一个典型的实验：加热细长的电气石晶体一端，晶体会带电，另一端会吸附小纸片。热电效应只能在两端形状不同、不具有对称性的晶体上才能观察到（如异极象晶组、极性晶体）。压电效应指的是晶体受压后产生电流的现象。压电效应较强的物质在放电时可以产生较高的电压，同时还可以通过施加电压的方式使该物质变形或振动。

○溶解与潮解

不同矿物种的可溶性不同，有的极易溶解（可溶），有的不可溶解（不可溶）。可以根据矿物的可溶性来辨别矿物的种类。

碳酸盐这类的弱酸盐可溶于强酸（如盐酸等）中，可以利用这一特性进行矿物的鉴别。大多数碳酸盐矿物溶解时会释放二氧化碳，产生可观察到的气泡。另外，气泡产生的速率也是辨别标准之一。有些矿物可溶于碱，但这些矿物的溶解过程不明显，一般不用这种方法进行辨别。辨别可溶于水的矿物时，不需要使用专门的试剂（如酸性试剂），因此十分方便，但千万要记住，溶解本身是需要消耗矿物样本的。另外，溶解过程中产生的离子极易被肠胃或皮肤吸收，一定要提前做好毒性相关的调查工作。

同时，有些水溶性矿物会溶于空气中的水分（潮解），需要注意保存。

○熔化

固体的熔点（凝固点）与其组成物质的化学键强弱之间有很深的关系。化学键强的物质熔点高，化学键弱的物质熔点低。由硅元素和氧元素构成的石英、由铝元素和氧元素构成的刚玉都是化学键强的代表，它们的熔点分别达到 1650℃和 2050℃。物质的离子键变强，熔点会降低。比如富含钠的钠长石，它的熔点仅略高于 1100℃。金属键结合的物质熔点上下波动幅度很大，白金的熔点为 1770℃，水银的熔点低至约 –40℃。天然水银是一种特殊的矿物种，常温下呈液态，与传统概念中的矿物相差甚远。虽然熔点为 0℃的水不属于矿物，但在地质作用下生成的天然冰属于矿物。

通过加热来确定物质的熔点，从而辨别矿物种类的方法虽然行得通，但在高温环境下观察的难度较高。而且要注意，矿物一旦熔化，其记载的地质作用信息也将不复存在，甚至失去矿物原有的价值。

◆毒性、放射性

在古代，人们已经学会将矿物应用于人体。雄黄就是很好的例子。

○有毒性的矿物

我们都知道毒药有毒，有些矿物也有毒性，使用不当可能会引发中毒。

矿物这类固体对人体的损伤分为化学性的和物理性的两种。化学性损伤指的是矿物被胃酸溶解，或和汗液等体液发生化学反应导致的损伤。物理性损伤指的是吸入的矿物粉末堵塞肺泡，或黏带的矿物粉末损伤皮肤和角膜。

○重晶石（硫酸钡）有毒吗

说到毒性，我们首先考虑的不是元素，而是那些可溶的、可进入人体的化学物质（单体或化合物的离子），比如可溶性的钡盐在人体内会溶解为钡离子 Ba^{2+}，有神经毒素，其使用受到法律监管。

毒重石（碳酸钡）可溶于盐酸（胃酸），溶解后有剧毒。但重晶石不溶于胃酸，不会产生钡离子 Ba^{2+}，不必担心会被人体吸收。

在医院接受胃部检查时服用的造影剂，其实就是硫酸钡的粉末加水混合而成的，它和重晶石属于同种物质，没有毒性。也就是说，评判矿物有无毒性，不能通过所含元素来判断，要通过它们溶解后产生的化学物质能否被人体吸收来判断。

▲重晶石（美国亚利桑那州产）

○毒性各异的砷化合物

砷（As），旧称砒，是人们印象里的剧毒元素。砷酸盐矿物中甚至有一种矿物就叫作毒铁石（钾铁砷酸盐水合物）。砷化合物的毒性各不相同：含砷的硫化物矿物雄黄和雌黄几乎不可溶，含砷的氧化物砷华可溶，亚砷酸溶解后产生强细胞毒性。

雄黄和雌黄也有和氧气反应，转变为氧化物的可能性，触碰含砷元素的矿物，一定要做好防护工作。

其实从古至今，亚砷酸都是中药里治疗恶性肿瘤和皮肤病的良药。人体也含极少量的砷，砷是人类生存不可或缺的元素，不应该极端地认为砷元素有害就排斥它。

●毒砂矿脉中的毒铁矿（日本长野县向谷矿山产）

○具有放射性的矿物

射线会对人体产生物理影响。自然界中存在各种各样的放射性物质，有些存在于地壳中，有些诞生自宇宙射线的辐射中，天然生成的放射性物质叫作天然放射性物质。

一些矿物也具有发射射线的能力（放射性），被称为放射性矿物。地壳中普遍存在放射性核素，但这些核素很少聚集起来形成矿床。

因此，放射性强到能影响人体的放射性矿物样本和标本十分少见。但如果遇见那些标有铀、钍等放射性元素标志的矿物标本和疑似有强放射性的标本时，请务必先测量放射量，再进行必要处理。

为了避免不必要的辐射，尽量远离放射源，控制接触时间，同时做好防辐射工作，阻断射线。放射源可用铅板包裹，阻断效果强。

放射性矿物是自形晶，晶面完整，但衍射现象微弱，甚至不发生衍射。这被称为变晶，是原子排列被射线（晶体内部的射线或附近晶体的射线）打乱的结果。

大部分放射性矿物可以通过加热处理恢复成规则的晶质，但不一定会恢复原本的晶体结构。需要注意的是，加热条件不同，有可能会转变成其他物质。在放射性矿物的影响下，其岩石结构中的放射性矿物晶粒出现同心圆状的多色晕圈，这些晕圈也是放射性矿物存在的特征。

小故事

被破坏的晶体结构

铀、钍元素含量高的矿物，受到自身放射影响，晶体结构遭到破坏，这种现象叫作变晶。日本大正时期发现的石川石就属于变晶的一种。变晶大部分拥有油脂光泽，通过加热可以恢复成规则的晶质，但不一定能恢复成原本的晶体结构。将石川石制成薄片，放到电子显微镜下观察，可以发现许多化学元素组成的斑点（非均质性），这说明石川石中包含许多其他矿物的成分。此前，人们从未想过通过加热可以将其恢复成均质的晶体。

▲ 石川石（日本福岛县石川町和久产）

◆热辐射、电磁波（光、X射线和紫外线等）的应用

虽然人眼看不见X射线和紫外线，但它们和可视光一样，同属电磁波。可以通过观察矿物对热辐射和电磁波的反应，判断能量的吸收与释放，从而了解矿物的性质。

○电磁波在矿物分析与鉴定中的应用

电磁波按照能量从高到低（波长从短到长）分为γ射线、X射线、紫外线、可见光、红外线、微波、无线电波、超短波、短波、中波、长波、超长波、极超长波等。

这些电磁波辐射物体，会引发反射、吸收、穿透等现象。这些现象和物质的性质相关，可用于定性分析（分析物质成分、化学键等）。

X射线的能量等同于原子内电子跃迁所需的能量范围，可以引发原子内的电子跃迁。不同原子内电子跃迁所需能量不同，因此X射线可应用于元素分析（如X射线荧光分析、电子探针显微分析）。此外，X射线波长和原子（或离子）的尺寸相似，这点被应用于考察原子排列信息（如X光衍射、X射线吸收精细结构）。

紫外线的能量等同于分子内电子跃迁所需的能量范围，可用于有机物分子的定性分析（如紫外线分光光度法）。此外，紫外线可以激发电子，使物质发出独特的荧光，这一点可用于矿物鉴定。可视光在有关颜色的部分进行过介绍，此处不再赘述。

红外线的能量等同于分子振动所需的能量范围。利用红外线可以得出分子的振动频率（包括振动形式、振动分子的质量等），还可以确定构成物质的分子种类和分子量（使用红外分光光度法、拉曼光谱法）。

微波可应用于制造静磁场，人们通过观察该环境下原子核之间的相互作用（核磁共振），即可得出特定原子的化学键状态。至此，我们可以知道电磁波被广泛应用于矿物的分析与鉴定。

●电磁波和波长

○能量以可见光形式释放

原子的电子吸收能量后，从基态转为激发态，跃迁后又从激发态恢复基态时，会释放相当于能级差的能量。

当能量以可见光形式释放时，可以观察到发光（冷发光）现象。冷发光可以分为摩擦发光（TL）、热释光（TL）、电致发光（EL）、阴极发光（CL）、光致发光（PL）等。

石英是典型的摩擦发光矿物。而萤石得名自其显著的热释光效应，是热释光矿物的代表。热释光可以用于鉴定矿物种。同时，随着电磁波谱学的发展，电磁波可能会成为鉴定矿物的便利工具。

此外，冷发光也被应用于制造业。热释光剂量计就是基于热释光原理制造的。发光二极管和有机发光二极管也是基于电致发光原理制造的，其中的发光部件就是由电致发光效应显著的矿物制造的。

想要观测到明显的阴极发光，需要使用专门的仪器，向样本发射超高能量的电子束。这种方法不便操作，所以近年来，人们多使用超微结构观察法和频谱分析来观测阴极射线发光。

光致发光早在古代就被用于矿物探测和鉴定，比如利用紫外线照射，使矿物发荧光或磷光。在紫外线照射下发荧光和磷光的矿物种较少，利用这一点可以分辨那些肉眼看起来无区别的矿物。

●方柱石（加拿大产）

●在长波紫外线照射下发荧光的方柱石

○焰色反应

利用焰色反应可以进行简易的发光分析。焰色反应是指物质电子在火焰加热下被激发，随后迅速退激，同时以可见光形式释放能量的反应，其原理同热释光。

大家在化学课上应该听过类似的口诀：锂红钠黄钾紫，铜蓝绿，钡黄绿……虽说铜和钡的焰色差距较小，看似不好分辨，但实际上蓝绿和黄绿的区别是能够看出来的。除了焰色反应之外，次生矿物（原生矿物变质形成的矿物）中元素的颜色也可以用来推测原生矿物，如孔雀石中绿色的铜、褐铁矿中褐色的铁、钴华中紫色的钴等。

▲焰色反应

○荧光和磷光

荧光随着电子退激停止发光，而磷光在电子退激后，仍会短暂发光，可以借此区分二者。需要注意的是，用于照射的激发源的能量需要大于荧光和磷光的能量，这样才能弥补中间的能量损耗（热能等）。因此，为了让样本发出可见光，需要使用能量更高的紫外线等作为激发源。当我们使用比紫外线能量还高的 X 射线作为激发源时，基于光电效应，样本中的内层电子被击出，退激时外层电子回补，进入低轨道，此时放出的电磁波叫作 X 射线荧光，能量等于轨道间的能量差。元素不同，产生的电磁波波长不同，因此也叫作特征 X 射线。

X 射线荧光光谱法就是利用X射线范围的荧光分析岩石和矿物的化学组成的方法，应用十分广泛。

○ X 射线的照射与吸收、穿透与反射、衍射

X 射线能穿透大多数物质，但穿透率不同，所以可用于直接观察样本内部的结构。在工业领域，可以使用 X 射线探测零件缺陷（X 射线探伤）。在医学领域，可以利用 X 射线拍摄 X 光片、CT 片检查患者的身体。还可以使用 X 射线拍摄岩石、矿物甚至化石的照片，研究它们的内部结构。

X 射线遇到电子时会改变方向，弯散传播，这就是衍射现象。电子在原子核外不断运动，形成一层包裹着原子核的电子云。晶体中的原子按规则排列，电子云同样按规则排列，所以 X 射线在遇到这些电子云中的电子时，基于波的干涉，在一定衍射角内波长重叠，振动加强。而这些拥有衍射强度的衍射点可以用 X 射线胶片或电荷耦合器件这类探测器探测出来。衍射角取决于周期性排列的原子团和原子团间的距离，衍射强度取决于原子排列本身。据此，通过衍射角和衍射强度，可以算出物质的原子排列（晶体结构）。元素和 X 射线波长是影响 X 射线弯散程度的因素，通过定量分析改变 X 射线的波长，可以判断元素的种类，该方法有时可以替代化学分析。

X 射线照射单晶时，探测出的是衍射点，可以得出原子排列的三次元信息，适合用于分析未知的晶体结构。照射粉末（多晶）样本时，探测出的不是衍射点，而是由衍射点组成的衍射环，同样可以用于矿物分析中。

○电子束和中子辐照

原子和分子比可见光波长短，只能用短波长（高能量）电磁波观察。

和 X 射线一样，电子束和中子辐照也可以用来观察和分析原子、分子级别（纳米级别）的物质。其中，电子束专门用于电子显微镜。

电子显微镜不断升级换代，不光能用来拍摄背散射电子像、透射电子像和阴极发光像，以观察物质结构（高分辨率显微镜拍摄的晶格像和原子像），还可以通过照射电子束引发特征 X 射线进行化学（元素）分析，甚至可以通过电子束衍射情况判定晶体结构的形状（结构分析）。

中子辐照不作用于电子，而是作用于原子核（质子和中子），和 X 射线有明显差异，常用于分析 X 射线衍射难以分析的晶体结构（如氢原子等）。

▲电子显微镜
照片由 Stahlkocher 提供

◆化学分析

矿物的化学组成指的是矿物中元素的组合及其比例，和原子排列（晶体结构）一样是定义矿物种的基础。

○鉴定矿物种

化学分析可确定化学组成，分为定性分析和定量分析两种方法，操作步骤不同。

鉴定矿物种一般使用定性分析。但像镁铁固溶体这类元素以任意比例混合的固溶体（如橄榄石），需要使用定量分析来确定镁铁的比例，才能判断出矿物种（铁橄榄石或镁橄榄石）。

此外，定性分析也无法鉴定同质多象的矿物，需要加上衍射实验等与晶胞相关的数据才能判断。

角闪石族和褐帘石族需要对晶体结构进行更加精细的分析，确定原子的具体分布情况，才能确定矿物种类，即确定矿物中的锰是置换了钙，还是置换了铁或铝。

○矿物化学分析的发展

以前，科学家们直接使用酸溶解矿物，或用碱熔法将矿物变得可溶，再加入酸，溶解成水溶液。之后加入分析药剂，析出元素和元素群，沉淀过滤后测量沉淀物的重量，以确定元素种类（重量分析）。或使用滴定分析来确定元素种类。这些都属于定量分析，都是湿式分析。

随着科技发展，发射光谱分析（如电感耦合等离子体发射光谱分析法）和吸收光谱法（如原子吸收光谱法）也可以做到定量分析，代替了重量分析和滴定分析。

上述分析法均需要从样本中提取试样（分离杂质），或挑选矿物中相对纯净的部位作为试样，而这一步骤会极大地影响实验结果，要求研究人员有较高的提取（或选择）试样的熟练度。其中，碱熔法的操作变成了 X 射线荧光分析中制作玻璃溶片的操作。

○用科学仪器进行矿物的局部分析

随着科技进步，出现了可以精确聚焦电子束和离子束的分析仪器。这些仪器可以进行细致的局部分析，可分析领域精确到矿物的每颗晶粒，甚至是晶粒的中心或四周区域。

聚焦的射线叫作探针，分为电子束、离子束、激光等。电子探针显微分析仪（EPMA）是一种发射电子束，使物质发出特征 X 射线，通过测定其波长（能量），从而确定元素种类及其强度的仪器。

如今，电子探针分析是最普遍的分析法。其缺点是在分析原子序数小的元素时，发出的特征 X 射线波长长（能量低），难以定量。此外，还无法分析氢元素和锂元素。二次离子质谱和电感耦合等离子体质谱可以弥补这些缺点。二次离子质谱的原理是让离子束在试样表面引起二次发射（离子溅射），接收分析二次离子，判断元素种类。电感耦合等离子体质谱的原理是用激光局部加热固体试样，将升华的等离子体作为离子源进行测定，判断元素种类。这两种方法都可以分析含锂的同位素。两种方法的对应仪器不光可以分析矿物的化学组成，还能确定其同位素的组成，除此之外还可用于确定矿物年代。

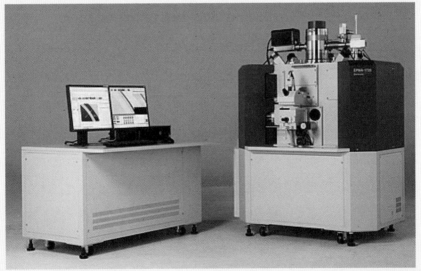

▲电子探针显微分析仪（EPMA）

照片由岛津制作所提供

◆结构分析

过去，人们通过分析结晶外形和光学特性，推测矿物内部存在一种"素子"，决定晶体形态的规则性。一直到近代，科学家通过 X 射线衍射法发现了原子排列，结晶学进入新时代。随着测定和分析手法的数据化，结构分析经历了一系列戏剧性的变革。

○现代结晶学先驱

从 17 世纪初期开始，人们就开始尝试理解自形晶的晶面具有的规则性。尼古拉斯·斯丹诺和多梅尼科·古列尔米分别使用肉眼和显微镜观察水晶和食盐结晶，发现同种矿物的结晶，其晶面间角度恒定，这为面角守恒定律的发现做了铺垫。开普勒推测雪的结晶呈六角对称是因为其构成单位呈六角对称排列。罗伯特·胡克曾记录：明矾和食盐的规则形态是因为球体"素子"呈规则性排列。

面角守恒定律的提出者斯丹诺认为，"素子"会由各向同性的球体扩张成各向异性的形状，物质都拥有各自形状的"素子"，"素子"堆叠排列组成其晶体形态。当时，科学家认为"素子"等于原子，因为二者都不可分裂，都是组成物质的基本单位。这比约翰·道尔顿的原子论还要早 30 多年。

之后，结晶学之父勒内·朱斯特·阿维首次明确提出结晶是由一个个肉眼不可见的"素子"堆叠而成的，刷新了人们对晶体结构的认识。他通过对解理面的研究，发现"素子"和解理相似（面和面间构成的角度相同）。除此之外，他还认为所有的晶相、晶习都是由相同形状的"素子"以不同的堆叠方式组成的。此外他将"素子"分为基本分子和构成分子两种，这两个概念分别对应现代的原子和分子。

阿维对晶形规则性的理解为后来的有理指数定律的发现打下了重要基础。魏斯导入了晶轴的概念，正确表示了有理指数定律，还成功地将晶面符号化。之后，弗里德里希·摩斯指出了导入斜交轴的必要性，其弟子卡尔·弗里德里希·瑙曼导入斜交轴后确立了有理指数定律。米勒指数成为现代表示晶面的统一方法。

在科学家们还围绕"素子"的光学特性进行观察和讨论时，克里斯蒂安·惠更斯观察到水晶的双折射现象，提出了光的波动性，并推测结晶是由椭圆体的粒子堆叠而成。"素子"的光学特性和结晶对称性关系的相关研究一直到 19 世纪初才有突破，例如让 - 巴蒂斯特 · 毕奥的偏振光研究、大卫 · 布儒斯特的反射和折射光偏振定律、双晶体光轴特性等。

有理指数定律的发现，掀起了从数学角度研究晶体本质的热潮，对称性被分成 230 个晶体学空间群。这为之后科学家通过 X 射线衍射实验确定原子排列（即晶体结构）打下了理论基础。

○确定原子排列方式

大约 100 年前，布拉格父子使用刚被发现的 X 射线进行衍射实验，探明了晶体中原子的规则排列。以此为契机，结晶学从理论阶段迈向试验阶段，越来越多的晶体结构被人们发现。

单晶（1 颗结晶）衍射出的 X 射线会在 X 光胶片上留下衍射斑点，通过斑点的间隔和密度，可以算出衍射角度和强度，最后通过傅立叶变换，可算出原子排列方式。这是一种需要高度专业性和忍耐力的研究。

X 射线探测器的出现和计算机的突破，使测量和计算效率暴涨，被解明晶体结构的矿物越来越多，机器为新矿物的鉴定做出了贡献。性能更加优异的检测仪器和个人计算机的出现，使结构测量和解析效率极大地进步。现在，我们解明了几乎所有的已知矿物的结构。

除了 X 射线外，还可以使用波长较短的射线，如中子衍射和电子衍射。中子衍射可用于 X 射线衍射不易分析的氢元素的解析，可以根据实际情况灵活调整。电子衍射不常用于确定结构，多用于确定极微小试样的种类。此外，高分辨透射电子显微镜可以直接观察到原子像，备受关注。近年来，电子射线还被用于数码相机的成像元件。

○鉴定矿物种类

  X射线衍射可用于粉末试样，其出现改革了矿物鉴定的方法。美国材料与试验协会的数据库检索方便，已在世界范围内普及。随着数据库的扩充，又分化出粉末衍射标准联合委员会和国际衍射数据中心，都可以在网上进行检索。不仅可以进行矿物鉴定，还支持结晶物质的鉴定。另外，电子衍射也可用于确定矿物种类，但数据库还需要进一步扩充。

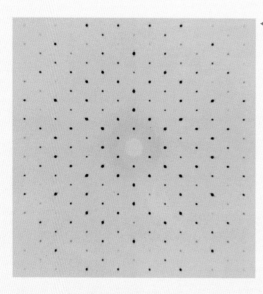

◀铈矿的单晶衍射像。最新型的二元检测器捕获的衍射像经过处理得到的图像，可以正确表示晶体的对称性

▼坡缕石 [(Mg, Al)$_2$Si$_4$O$_{10}$(OH) · 4H$_2$O] 的粉末衍射像。使用成像板代替X射线胶片成像

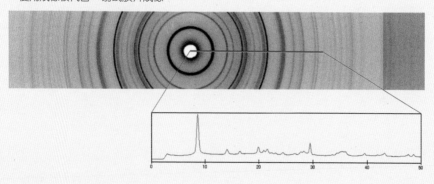

第 **3** 章

矿物的形成和产地

　　几乎所有的矿物都形成于岩石中，形成时的温度、压力
等环境条件和化学成分的组成决定矿物的种类和共生关系。
来看看矿物都是在怎样的环境中形成的吧！

◆矿物的形成

○矿物的形成方式

　　熔体（熔岩）、液体（地下热水、海水和湖水）和气体（火山气体）中溶解的化学成分在低温低压的环境中会形成固体，我们称之为矿物。矿物形成后可能和液体或气体发生化学反应，变质成其他矿物。此外，当我们将同一矿物的颗粒置于高温高压的环境中时，可以观察到再结晶现象，再结晶的晶体颗粒更加粗大。不同矿物间再结晶化时，可能变质成其他矿物。

○矿物形成的区域和可观察矿物形成过程的区域

　　几乎所有矿物的形成都是在地球内部进行的，无法直接观察。但我们可以观察地表上存在的矿物形成的过程，如海洋与湖泊中沉淀而成的矿物、火山喷气孔形成的矿物、野外露头（河床或崖壁上）包含的矿物在水或氧气的作用下氧化，形成新矿物的过程。地球内部形成的矿物因地壳变动，会上升至地表附近，我们才能观察到。也就是说，我们观察到矿物的区域并不一定是矿物形成的区域。

○岩浆作用

　　岩浆冷却形成的矿物统称为岩浆岩。岩浆在地球内部缓慢冷却形成的岩石被称为深成岩，包括富含镁铁矿物的超镁铁质岩（如橄榄岩）、富含石英和长石的酸性岩（如花岗岩）。

　　岩浆在地表附近急速冷却，形成的矿物被称为火山岩，包含富含镁铁矿物的基性岩（如玄武岩）、酸性岩（如流纹岩）。超镁铁质火山岩只存在于 20 亿年前。

　　深成岩在固化的最后阶段被大量稀有元素、挥发性元素入侵，它们在深成岩中或周围的岩石中以脉状、透镜状等形态存在，这种岩石叫作伟晶岩。伟晶岩颗粒粗大，其空洞中多见美丽的晶体，特别是花岗岩和正长岩，常伴生主要成分为锂、铍、铌、钽、稀土元素的珍贵矿物。

▼岩石的种类及形成区域概念图

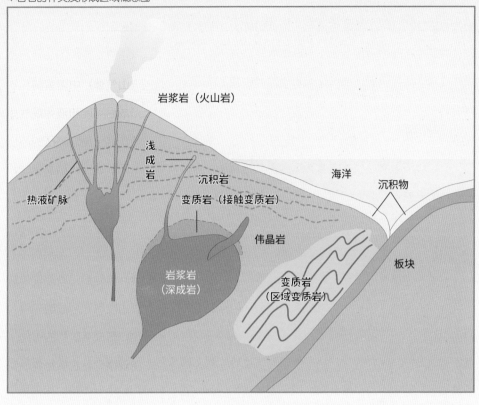

▼矿物的形成方式

形成作用	分类	主要岩石和代表矿物
岩浆作用	岩浆固结 （岩浆岩）	超镁铁质岩、基性岩、中性岩、酸性岩
	伟晶岩	花岗岩、正长岩
	热液	矿脉、变质岩
	火山气体	自然硫
沉积作用		沉积岩、沉积物、蒸发岩
变质作用 （交代作用）	区域变质岩	片麻岩、结晶片岩
	接触变质岩	角岩、矽卡岩
	绿片岩	绿辉石、绿纤石、绿泥石
氧化作用	次生矿物	孔雀石、赤铜矿、白铅矿

热液是指从地表渗入地下后被加热的水。热液在涌出地表的过程中，溶解在热液中的各种矿物的化学成分会结晶化，形成矿物。大部分金属矿脉就是这样形成的。热液还可以使近地表的岩石发生变质，形成变质岩。火山气体凝华（气态直接变为固态，反之叫作升华）或液化后迅速固化，也会形成矿物。

○沉积作用

沉积作用是指非热液的液体（如海水和湖水）通过蒸发等作用，使化学成分溶解其中，沉积形成矿物。

○变质作用

根据变质作用的种类，形成的岩石大致分为区域变质岩和接触变质岩，区域变质作用范围广，区域变质岩遍布各处，而接触变质岩则形成于局部性的变质作用。岩石加热加压后形成新矿物的作用被称为变质作用，但这个过程中如果岩石和热液中的化学成分发生物质交换（交代作用），被称为交代变质作用。富含钙、镁的原岩和花岗岩质熔岩接触时产生的岩石虽然富含钙、镁，但属于硅酸盐矿物，被称为矽卡岩矿物。如果聚集了大量有用的金属矿物，就叫作矽卡岩矿床。绿片岩主要是由海底玄武岩或凝灰岩变质而来的，是致密的绿色块状岩石，多含绿辉石、绿纤石、绿泥石等绿色矿物，呈绿色，也有些含赤铁矿，呈红褐色。

○氧化作用

近地表的矿物在雨水、空气、细菌的作用下分解，形成新矿物的作用叫作氧化作用，表现为原有矿物的主要元素（铜、铁、硫等）多以氧化物形态出现。例如，在黄铜矿、方铅矿、闪锌矿、黄铁矿等矿物的矿脉上层能发现孔雀石、赤铜矿和白铅矿等矿物。前者被称为原生矿物，后者被称为次生矿物。

◆造岩矿物

造岩矿物是组成岩石的主要矿物。这里着重介绍矿物的种类（家族、超族等）。

○橄榄石

包括富含镁的镁橄榄石（Forsterite）和富含铁的铁橄榄石（Fayalite）的固溶体。镁橄榄石是主要的造岩橄榄石。

橄榄岩是超镁铁质岩的主要成分，还会以斜方短柱状结晶和晶粒的形态出现在玄武岩中。橄榄石易分解变质，形成蛇纹石矿物。

●镁橄榄石（日本东京都三宅岛产）

○辉石族

辉石的晶体结构分为斜方晶系（斜方辉石）和单斜晶系（单斜辉石）两种。辉石种类繁多，造岩矿物中顽火辉石（Enstatite）和铁辉石（Ferrosilite）的固溶体属于斜方晶系，普通辉石（Augite）、透辉石（Diopside）、钙铁辉石（Hedenbergite）的固溶体以及霓石（Aegirine）、霓辉石（Aegirine-augite）的固溶体属于单斜晶系。

易变辉石（Pigeonite）属于单斜晶系，较为稀有。构成翡翠的主要成分是硬玉（Jadeite）和绿辉石（Omphacite）的固溶体。有些辉石晶体呈柱状，具有四角或八角断面，断面可见类方形的解理。

●透辉石（日本岐阜县洞户矿山产）

○角闪石族

角闪石同样分斜方晶系和单斜晶系两种，品种繁多。斜方角闪石是较为常见的造岩角闪石，包括不含钙、钠的直闪石（Anthophyllite）和铁直闪石的固溶体。

单斜角闪石属于普通角闪石。普通角闪石可以和钠、钙、铝和铁发生置换反应，形成新矿物，如韭闪石、浅闪石等。

单斜角闪石还包括不含钙及钠的镁铁闪石的固溶体、富含钙的透闪石和绿闪石的固溶体、富含钠的蓝闪石和钠闪石的固溶体。角闪石多见柱状晶体，呈扁平的六方断面，断面可见菱形（约 120 度和 60 度）解理。

●透闪石（日本岩手县和贺仙人矿山产）

○云母族

造岩云母大体分为两类，第一类是白云母（Muscovite）及白云母中的钾被置换而产生的变种钠云母（Paragonite）。第二类是金云母（Phlogopite）和铁云母（Iron mica）的固溶体，由于它们可由黑云母变质而来，所以统称为黑云母（Biotite）。它们的解理如纸片般轻薄。

●金云母（马达加斯加产）

○长石族

长石族是构成地壳的最主要的矿物，几乎存在于所有岩石中。大致可分两类：一是三斜晶系的斜长石亚族，包括钠长石（Albite）和钙长石（Anorthite）的固溶体；二是钾长石亚族，如单斜晶系的透长石（Sanidine）和正长石（Orthoclase）、三斜晶系的微斜长石（Microcline），该亚族双晶种类多，部分矿物的主成分为钡或锶，多见于变质岩中。

●钠长石（日本兵库县养父市宫垣产）

○似长石族

似长石和长石较相似，但二氧化硅含量较少。常见于低硅酸的岩浆岩中，是重要的造岩矿物。代表矿物有霞石（Nepheline）、白榴石（Leucite）、方钠石（Sodalite）等，无明显解理。

●白榴石（意大利产）

○石英

除低硅酸的岩浆岩外，石英几乎存在于所有岩石中。低硅酸的岩浆岩指的是超镁铁质岩（如橄榄岩）、基性岩（如辉长岩、玄武岩）以及中性岩浆岩（如正长岩、粗面岩）。

石英由二氧化硅构成，无法形成固溶体，也不与橄榄石共生，几乎无解理，断口呈贝壳状。鳞石英（Tridymite）和方石英（Cristobalite）化学成分相同，常见于酸性火山岩中，但不会出现在玄武岩中。

●鳞石英（日本熊本县熊本市石神山产）

○其他造岩矿物

造岩矿物还包括石墨、黄铁矿、磁铁矿、钛铁矿、金红石、针铁矿、萤石、方解石、磷灰石、磷钇矿、铁铝榴石、锆石、红柱石、硅线石、榍石、绿纤石、堇青石、铁电气石、蛇纹石、滑石、绿泥石等。

●绿纤石（日本埼玉县东秩父村朝日根产）

在日本发现的新矿物

截至 2021 年 8 月，在日本发现了 147 种新矿物。

●产出新矿物的地质环境

从 1959 年开始，新矿物的认定需要由国际机构进行。之后，许多缺乏科学性依据的所谓的"新矿物"被一一证实为已知矿物的变种，并不是真正的新矿物。

在此期间，在日本发现的新矿物仅剩下 7 种，其中包括 1922 年发现的石川石和 1956 年发现的大隅石。

产出新矿物的地质环境大致分为五类：

①岩浆岩或伟晶岩的构成矿物；

②热液矿脉、矿层、火山喷气孔、热液变质；

③沉积作用；

④变质作用、变质交代作用；

⑤氧化、风化。

其中，变质作用会将原有矿物变质成其他矿物。变质交代作用是指在变质过程中，矿物和热液发生反应，元素交换或聚集的作用。热液作用是指元素以水为依托，或渗入岩石，或溶解于水，或挥发在空气中，从而形成矿物的作用。

按照这五种地质环境进行分类，日本的新矿物中有 51%（约 75 种）是在环境④中诞生的，在环境①中诞生的约 30 种，环境⑤中诞生的约 18 种，环境②中诞生的约 15 种，环境③中诞生的约 10 种（其中有种矿物拥有 2 种产状，所以总数多 1 种）。此外，在环境④中，有 32 种产自锰矿床（含铁锰矿床）。冈山县布贺地区发现了 13 种新矿物，它们是高温矽卡岩和石灰岩重结晶的产物，属于硼酸盐矿物。

●冈山县布贺地区新矿物产出数排日本第一

从都道府县层面来看，新矿物产出数从高到低依次是冈山县、北海道、爱媛县、岩手县、三重县、新潟县、福岛县。进一步细分的话，第一是冈山县布贺地区，第二是出产翡翠及翡翠相关岩石的新潟县丝鱼川地区，第三是拥有锰矿床的岩手县田野畑矿山，第四是出产富含稀土元素的碱性玄武岩的佐贺县东松浦半岛地区，然后是拥有铁锰矿床的三重县伊势市菖蒲和拥有锰矿床的岩手县野田玉川矿山。不过，日本有 11 个都道府县从未发现过新矿物，分别是山形县、宫城县、长野县、富山县、石井县、福井县、和歌山县、鸟取县、德岛县、宫崎县、冲绳县。

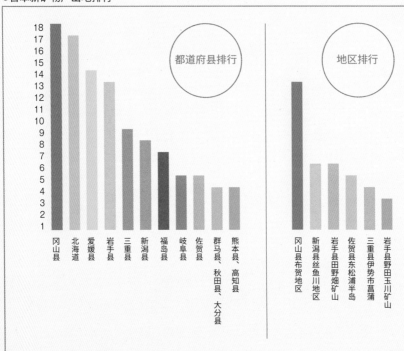

● 日本新矿物产出地排行

都道府县排行

地区排行

都道府县排行（纵轴数值）：
18 17 16 15 14 13 12 11 10 9 8 7 6 5 4 3 2 1

冈山县　北海道　爱媛县　岩手县　三重县　新潟县　福岛县　岐阜县　佐贺县　群马县、秋田县、大分县　熊本县、高知县

冈山县布贺地区　新潟县丝鱼川地区　岩手县田野畑矿山　佐贺县东松浦半岛　三重县伊势市菖蒲　岩手县野玉川矿山

● 长岛石（日本群马县茂仓泽矿山产）

● 木村石（日本佐贺县唐津市产）

◆岩浆岩

岩浆岩是岩浆冷却凝结而成的岩石。根据构成矿物的种类和含量，分为四类。

○侵入岩和火山岩

岩浆岩可以根据镁铁含量进行分类。橄榄石、辉石、角闪石、黑云母这类主要由镁和铁构成的矿物被称作基性岩。

此外，岩浆岩还可以根据岩浆冷却的速度大致分为侵入岩和火山岩两类。侵入岩是岩浆在地下深处缓慢冷却形成的，岩石组成物都是结晶质，也称为全晶质。火山岩是岩浆在地表浅层急速冷却或直接喷出地表的岩浆急速冷却形成的，多含火山玻璃等微细晶粒。喷出前的岩浆岩中或伴有橄榄石、辉石、角闪石、长石晶体，这些晶粒叫作斑晶。

●岩浆岩的分类

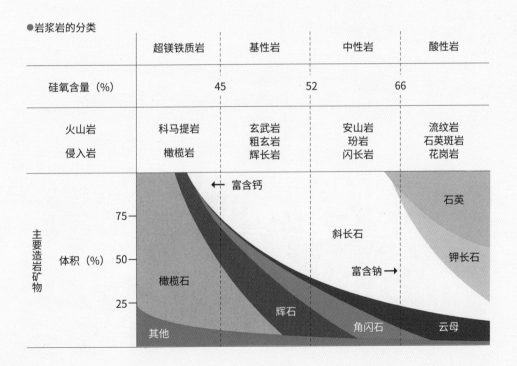

	超镁铁质岩	基性岩	中性岩	酸性岩
硅氧含量（%）		45	52	66
火山岩	科马提岩	玄武岩 粗玄岩 辉长岩	安山岩 玢岩 闪长岩	流纹岩 石英斑岩 花岗岩
侵入岩	橄榄岩			

← 富含钙

石英

斜长石

钾长石

富含钠 →

主要造岩矿物 体积（%）

75

50

25

橄榄石

辉石

角闪石

云母

其他

○超镁铁质岩

超镁铁质岩（超基性岩）中70%以上为镁铁质矿物，超镁铁质岩是按岩石的化学组成分类的。

■侵入岩

包括二辉橄榄岩（含纯橄榄岩、橄榄石、顽火辉石、透辉石）等，这些岩石和水反应变质，会形成蛇纹岩。

■火山岩

20亿年前，地幔温度相当高，形成的火山岩中的橄榄岩呈长柱状的奇特晶形。这类岩石被称为科马提岩，澳大利亚、加拿大等国家有产出。

●二辉橄榄岩（日本北海道幌满产）

○基性岩

基性岩（镁铁质岩）中镁铁质矿物的含量为40%～70%，基性岩是按岩石的化学组成分类的。

■侵入岩

代表岩石有辉长岩。辉长岩由富含橄榄石、顽火辉石（镁、铁各占一半）、普通辉石、普通角闪石、钙长石的斜长石构成，可用于制作高级石材——黑御影石。

●辉长岩（日本高知县室户岬产）

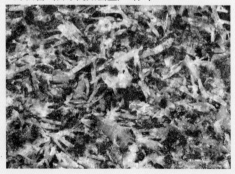

■火山岩

代表岩石为玄武岩，斑晶为富含橄榄石、普通辉石、钙长石的斜长石，常见于日本富士山、三原山、玄武洞等景点。

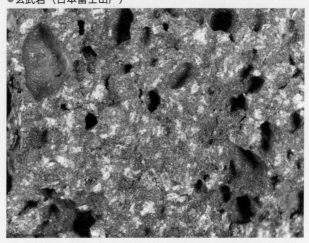

●玄武岩（日本富士山产）

○中性岩

中性岩中的镁铁质矿物的含量为 20% ～ 40%。中性岩还可以表示硅氧含量为 52% ～ 66% 的岩石。

■侵入岩

代表岩石是闪长岩。闪长岩主要由普通角闪石、镁铁闪石和斜长石（钠和钙各占 50%，钙可能稍多）组成，或含少量普通辉石、黑云母、石英、钾长石等。日本少见纯净闪长岩，介于闪长岩和花岗岩之间的矿物较多。

●闪长岩（日本岩手县产）

■火山岩

代表岩石有安山岩，可见斑晶有斜长石（和闪长岩的成分相同）、普通辉石、顽火辉石、普通角闪石等。多产于列岛岛弧地带，常见的矿物种是二辉安山岩（同时含有普通辉石和顽火辉石）。

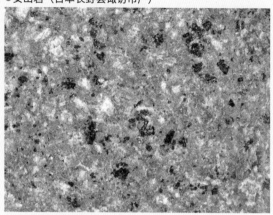

●安山岩（日本长野县诹访市产）

○酸性盐岩

酸性盐岩（长英质岩）的镁铁质矿物含量在 20% 以下。镁铁质矿物对应长英质矿物，长英质矿物多含硅酸矿物（主要是石英）和长石。长英质矿物含量高，代表富含硅和铝。

■侵入岩

代表岩石是花岗岩。花岗岩由石英、钾长石、斜长石（富含钠）、黑云母或白云母以及少量普通角闪石组成。斜长石增多、钾长石减少，石英减少、普通角闪石增多，组成的是闪长岩。

介于花岗岩和闪长岩之间的岩石叫作花岗闪长岩或石英闪长岩。花岗岩的伟晶岩也叫伟晶花岗岩，富含轻元素和稀土元素。花岗岩的空隙中常见水晶、长石、云母、黄玉、绿柱石、电气石、萤石等矿物的大颗结晶。花岗岩是泛用石材，可以制成御影石、万成石、北木石、稻田石（都是日本有名的石材）等。

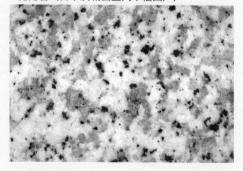

●花岗岩（日本茨城县笠间市稻田产）

○花岗岩（稻田石）的切片

●只使用偏光显微镜的下偏振片观察

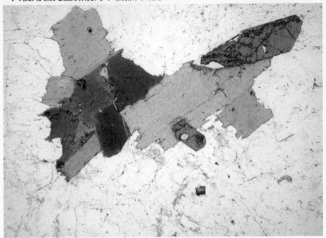

在玻片上放置的厚度约 0.03 毫米的岩石片或矿物片，这样的薄片叫作矿物薄片。

●正交观察（同时插入上下两个偏振片，使偏光方位正交）

中心为黑云母（褐色或淡褐色），周边伴生石英、钾长石和斜长石

■火山岩

　　代表岩石是流纹岩，斑晶为石英、钾长石、富钠的斜长石（富含钠）、黑云母等，有时会呈现黑曜岩般的玻璃质感。火山岩中有一类和流纹岩有相似的组成。钾长石较少、斜长石较多的岩石叫作英安岩，是偏中性的酸性岩。

●流纹岩（日本富山县南砺市人喰谷产）　　●黑曜岩（日本岛根县隐岐岛町产）

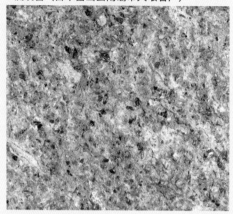

小故事

碱性岩

　　酸性岩中有一类岩石被称为碱性岩，几乎不含石英。多碱性长石，有时会以似长石（硅氧含量比碱性长石少的似长石）为主要组成部分。从化学组成来看，富含钠钾，钙含量较少。在侵入岩中，正长岩是代表岩石，似长石含量较高时也被称为霞石正长岩。在列岛岛弧地带较为少见，多见于远古大陆的侵入岩中。霞石正长岩的伟晶岩中包含许多矿物，也时有新矿物的发现。有名的产地有俄罗斯的科拉半岛和加拿大魁北克省的圣希莱尔山。朝鲜的福辰山也有产出，主要是青色的方钠石和霞石组成的霞石正长岩。日本濑户内海的小岛、爱媛县岩城岛也可见小型的正长岩，常伴生霓石，还曾发现过名为苏纪石和片山石的新矿物。在日本，正长岩分布较少，正长岩四周还会形成倾向于花岗岩的岩石。

　　碱性火山岩的代表是粗面岩，在日本岛根县等日本海一侧的地区有分布，斑晶可见透长石、钠铁闪石等。在意大利的维苏威火山，有一种火山岩的似长石斑晶和白榴石形状相同。此外，安山岩和玄武岩的中性岩，被称为粗面安山岩和粗面玄武岩。

组成小笠原群岛的无人岩

小笠原群岛被誉为"亚洲的科隆群岛（厄瓜多尔的一处群岛）"，岛上生活着许多特有物种，2011 年被列入世界自然遗产名录。

●无人岩是极其特殊的岩浆岩

小笠原群岛丰富的自然条件和其形成有着深远的关系。从地质学方面来说，小笠原群岛的形成十分与众不同，无人岩这类极其特殊的岩浆岩组成了群岛的基础。

●无人岩

无人岩得名于小笠原群岛的旧名——无人岛。根据硅酸含量分类，无人岩属于安山岩的一种。相比安山岩，无人岩多镁，且不含斜长石，含有非常稀有的单斜顽火辉石斑晶。

●矿物的宝库

在 4600 万～ 4800 万年前，部分含水量较高的地幔熔化形成的岩浆喷出地表，它们固结的产物就是无人岩。

无人岩从父岛到婿岛（小笠原群岛的两座列岛）皆有分布，在婿岛上甚至能看到长达 10 厘米的单斜顽火辉石巨大斑晶。

如今，除了小笠原群岛外，在阿曼和塞浦路斯也发现了无人岩的存在。但是，只有在小笠原群岛能见到巨大的单斜顽火辉石斑晶，那里是世界上最大的无人岩标本产地。

此外，在无人岩的孔隙中经常能发现沸石、鱼眼石、玉髓等优良矿物。小笠原群岛不仅是地质、岩石博物馆，还是矿物的宝库。

●无人岩露头（日本东京都小笠原群岛婿岛）

第 3 章 ◆ 矿物的形成和产地

◆沉积岩

沉积岩主要由矿物颗粒、岩石碎片以及生物硬组织沉积而成。

○根据矿物颗粒和岩石碎片粒径分类

除了海洋、湖泊底部沉积的沉积岩外，水分蒸发后元素浓缩形成的岩石也是沉积岩。凝灰岩主要由火山碎屑物（火山灰、浮岩等）沉积而成，但从成分来看应该归类为火山岩。

在不考虑组成成分的前提下，根据矿物颗粒和岩石碎片颗粒的大小，沉积岩分为砾岩、砂岩、泥岩（粉砂岩和黏土岩）三种。矿物越是耐侵蚀、耐腐蚀，越是被搬运得更远。沉积岩中不仅含有石英、锆石和石榴石，有时还能发现磁铁矿、自然金、刚玉、金刚石等稀有矿物。

●组成沉积物的主要颗粒粒径

分类	砾				砂					粉砂				黏土
名称	巨砾	粗砾	中砾	细砾	巨粒砂岩	粗粒砂岩	中粒砂岩	细粒砂岩	微粒砂岩	粗粒粉砂	中粒粉砂	细粒粉砂	极细粒粉砂	黏土
粒径（毫米）	256	64	4	2	1	1/2	1/4	1/8	1/16	1/32	1/64	1/128	1/256	

●砾岩（日本富山县南砺市人喰谷产）

●砂岩（日本千叶县铫子市外川产）

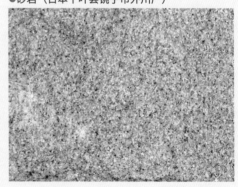

●海绿石砂岩（日本石川县能登岛产）

●泥岩（日本和歌山县串本町产）

●石灰岩上的纺锤虫化石（日本栃木县佐野市葛生产）

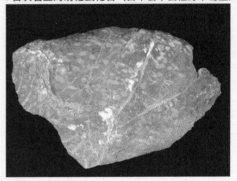

燧石岩是一类由放射虫硅酸外壳和海绵骨针聚集沉积而成的沉积岩，石英含量近100%。沉积石英岩由石英粒沉积而来，和燧石岩属于不同种。贝壳、珊瑚、纺锤虫（石炭纪～二叠纪繁荣的海洋原生生物）、有孔虫（拥有石灰质外壳和网状假足的似变形虫原生生物）的石灰质外壳沉积，会形成方解石，方解石组成石灰岩。

盐丘是沉淀或蒸发浓缩形成的沉积岩代表，常见于古代内海和现代内陆的湖泊地区。盐丘中可见碱、钙的氯化物和硫酸盐。盐丘主要产出硼砂、钠硼解石等硼酸盐矿物。

●沉积岩的主要分类

粒径	组成材料	岩石名称		
		成岩作用		弱 ←变质作用→ 强
大 ↓ 小	砾 ↓ 砂 ↓ 粉砂 ↓ 黏土 }泥	砾岩 砂岩 {硅质砂岩（石英粒较多） 凝灰质砂岩（掺杂火山灰） 石灰质砂岩（掺杂石灰质碎屑物） 泥岩	页岩	沉积石英岩 板岩 角岩

◆变质岩

变质岩的种类取决于原有岩石的矿物组成（化学组成）和变质时的温度、压力。

○片麻岩和结晶片岩（区域变质岩）

红柱石、硅线石、蓝晶石同为铝的硅酸盐矿物（Al_2SiO_5），它们的形成所需的温度和压力条件不同（见下图）。

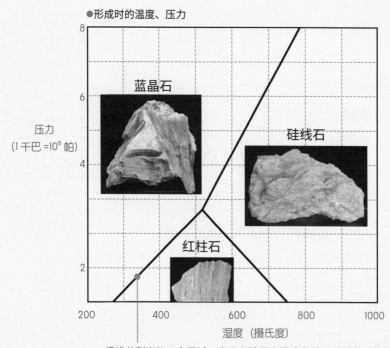

●形成时的温度、压力

粗线分割出的三个区域，表示在该压力温度条件下硅酸盐矿物较稳定

变质岩种类繁多，区域变质岩（分布在各种地区）和接触变质岩（仅存在于岩浆入侵体附近）的形成方式不同。

区域变质岩的代表岩石有片麻岩和结晶片岩。片麻岩中的暗色矿物（角闪石、黑云母等）和浅色矿物（石英、长石等）堆叠，呈片麻状或条带状构造。如果形成时所受变质作用强，矿物粒径就粗。

结晶片岩拥有良好的片理，矿物粒径有粗有细。与片麻岩相比，形成结晶片岩所需的温度较低，但所需的压力较高。绿片岩形成于低温低压环境中，多含绿帘石、绿闪石、绿泥石，均呈绿色。

蓝片岩是在低温高压环境下形成的，特征是含有蓝角闪石（蓝闪石和钠闪石的固溶体）。原岩中含锰的话，会变质成红帘石。红帘石表面有少量鲜艳的红色条纹，也被叫作红帘石片岩。

●绿闪石、滑石片岩（日本兵库县南淡路市沼岛产）

●蓝闪石片岩（日本熊本县八代市东阳町产）

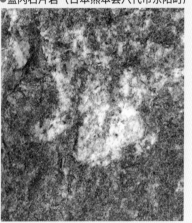

●红帘石片岩（日本兵库县南淡路市沼岛产）

●石榴石片麻岩（日本富山县南砺市产）

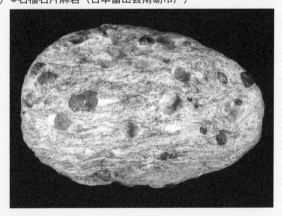

○岩浆侵入体周围分布的接触变质岩

接触变质岩的代表岩石是致密且拥有块状结构的角岩。当角岩的原岩为泥岩时，角岩中可见堇青石及其假晶——樱花石。

当角岩的原岩为石灰岩时，形成的角岩中方解石晶粒粗大，也被称作晶质石灰岩（即大理石）。当原岩中含泥质或凝灰质的堆积物时，则可形成硅灰石、透辉石、钙铝榴石、符山石等矿物。这类矿物统称为矽卡岩矿物。

●含红柱石的角岩（日本京都府东和锰矿山产）

●含樱花石的角岩（日本京都府龟冈市产）

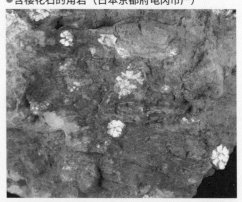

●大理岩（日本茨城县日立市真弓产）

●矽卡岩（日本岩手县釜石矿山产）

奇石趣味

日本有许多奇石，自古代开始就深受日本人喜爱，有许多爱称和俗称。自江户时代起，以木内石亭和其门下弟子为首，越来越多的日本人加入了赏玩石头的行列。

●鸣石、铃石、壶石

这几种石头都是由砾岩、砂岩、泥岩等岩石周围黏着氢氧化铁（褐铁矿）组成的。外部是坚硬的褐铁矿外壳，内部充满柔软的黏土，以及小石砾。晃动石头，会发出沙沙的响声。

●高师小僧、津轻小僧、小巧石

这几种石头形似黏土人偶。高师小僧由褐铁矿和泥土组成，褐铁矿附着在植物根部的泥土周围，根部被拔出的地方形成空洞。

津轻小僧和小巧石由含硅矿物组成。津轻小僧由微细的石英粒组成，不透明，属于碧玉的一种，出产于凝灰质的黏土层。小巧石出产于硅藻土中，非晶体硅酸矿物，

●木内石亭所著的《云根志》，记载着许多岩石、矿物和化石

照片由Momotarou2012提供

属于蛋白石的一种。

●算盘玉石

算盘玉石是指流纹岩空洞中的玉髓和蛋
白石。小心切开表面凹凸有致的椭圆形球体，
可以看见内部有形似算盘珠子的矿物，那就
是算盘玉石。内部空隙填充着含硅矿物，形
状之奇，令人惊讶。

●月落石

螺类化石（主要是直壳鹦鹉螺）内部空
间被蛋白石填充后，石灰质外壳溶解，剩下的部分被称为月落石。月落石螺旋状的
外形形似排泄物，被看作"月粪"，"月落"是美化的说法。

●玄能石

玄能石多产出于由方解石组成的泥岩，形似两端磨尖的锤头，内部充满矿物颗
粒，如细小的方解石、水晶等。

原岩为六水碳钙石（$CaCO_3 \cdot 6H_2O$），是在低温的海水中形成的矿物。它们是
在格陵兰某个峡湾海底发现的单斜晶系
矿物，晶体形态和玄能石相似，在8℃
以上的环境中会变质成方解石。

●小巧石（日本石川县珠洲市产）

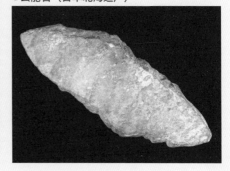

●算盘玉石（日本京都府丹后神野产）

●玄能石（日本北海道产）

◆陨石

陨石分为石陨石、石铁陨石、铁陨石三种。

○石陨石

95% 的陨石是石陨石，主要由橄榄石和顽火辉石等硅酸盐矿物构成，成分和地球岩石相似。陨石进入大气层后，表面因和空气摩擦产生高温而燃烧，黑色的外壳消失，肉眼看来和普通岩石没什么区别。

包含直径在数毫米以下的球粒的陨石被称为球粒陨石。球体也是由橄榄石和顽火辉石组成的。除此之外，还含铁、镍合金、铁的硫化物和碳。科学家认为，球粒陨石仍保持着太阳系形成之初的元素组成结构。

不含球粒的陨石被称为无球粒陨石。

○石铁陨石

石铁陨石中硅酸盐和金属各占 50%。最常见的种类是橄榄陨铁，由橄榄石和镍铁合金组成。结构和分化后的天体地幔相当。

○铁陨石

铁陨石是镍铁合金组成的陨石，也叫作陨铁。结构相当于天体分化后的地核。

有一类被称为八面体陨铁的铁陨石，切割、研磨后会氧化，形成斜交带状花纹（魏德曼花纹）。

●铁陨石（吉比昂陨石）

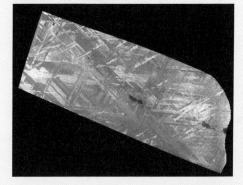

◆矿物的分布

矿物分布受地质作用影响，有些矿物在各大洲均有分布，而有些矿物只在少数地方出产。

○条带状铁建造

条带状铁建造是分布最广的矿物层，在加拿大、澳大利亚、巴西、俄罗斯以及南非等地均有分布，主要成分是赤铁矿沉积物。距今 25 亿年～ 18 亿年前，生命活动释放的氧气氧化了海水中的铁，形成了大量赤铁矿。赤铁矿沉积，最终形成条带状铁建造。

金伯利岩和钾镁煌斑岩属于火山岩，它们包含金刚石，被视作商用矿物，主要分布在前寒武纪的陆地区域。日本群岛中矿物分布较为广泛的变质带有领家带、三郡带、三波川带和阿武隈带。

▼日本群岛的地质结构(变质带)

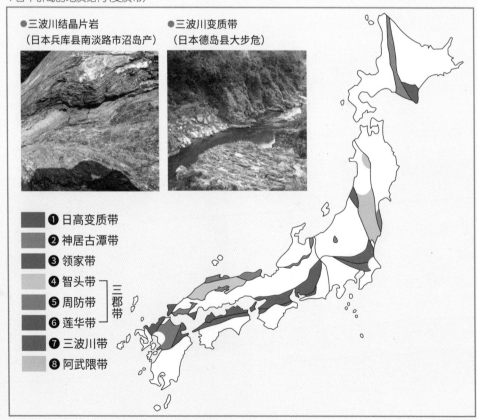

●三波川结晶片岩
（日本兵库县南淡路市沼岛产）

●三波川变质带
（日本德岛县大步危）

❶ 日高变质带
❷ 神居古潭带
❸ 领家带
❹ 智头带 ⎫
❺ 周防带 ⎬ 三郡带
❻ 莲华带 ⎭
❼ 三波川带
❽ 阿武隈带

○矿产国

一般来说，国土越辽阔，产出高价值矿物的概率越高。国土面积最大的国家是俄罗斯，其次是加拿大、中国、美国、巴西、澳大利亚和印度。这七个国家都是著名的矿产国。

国土面积排在第 10 ～ 30 名的矿产国有刚果民主共和国（第 11 名）、墨西哥（第 13 名）、安哥拉（第 22 名）、南非（第 24 名）、哥伦比亚（第 25 名）。除此之外，坦桑尼亚、巴基斯坦、缅甸、阿富汗、马达加斯加也是著名的矿产国。

矿产丰富度不一定和国土面积成正比。许多国家虽然面积不大，但拥有的地质体种类繁多，矿产十分丰富。

●国土面积排行

第 1 名	俄罗斯
第 2 名	加拿大
第 3 名	中国
第 4 名	美国
第 5 名	巴西
第 6 名	澳大利亚
第 7 名	印度
第 8 名	阿根廷
第 9 名	哈萨克斯坦
第 10 名	阿尔及利亚

●产出羟硅铁钠石等三种新矿物的采石场（美国加利福尼亚州）

●新矿物的诞生地——霞石正长岩伟晶岩（加拿大魁北克省圣·希莱尔山的某处采石场）

◆地形和地貌

地形受隆起和侵蚀的平衡影响。

○沉积物变质，形成矿物

隆起缘于板块运动和岩浆活动，侵蚀分为流水侵蚀、冰川侵蚀和风力侵蚀。像喜马拉雅山脉这样的超大型山脉，就是大陆板块相互碰撞，导致远古海底沉积物被顶起而形成的。

隆起速度越大于侵蚀速度，山体发育越快。构成山体的地质体性质还会影响侵蚀形成的地形。例如，流水侵蚀而成的山谷断面为"V"字形，而冰川侵蚀而成的山谷断面是"U"字形。

在地形形成的过程中，富含多样元素的沉积物受高压影响而变质，形成许多不同的矿物。在露头或河床的岩块、砾石上可以找到这些矿物。

○"冰川来客"漂砾

在冰川边界，被搬运的岩块和砾石会堆积在一起，排列成月牙的形状。这些岩石叫作冰碛（冰川沉积物）。

地表有时会出现一类岩石，和周围其他岩石的化学组成完全不同。它们叫作漂砾，是"冰川来客"，即冰川搬运作用的遗留物。河流从山地进入平地时，由于坡度突然变缓，河流搬运的砂砾会堆积在山前，呈半圆锥状。从空中看，这些冲积物呈扇形，所以也被称作冲积扇，常堆积在入海口、入湖口，形成三角洲。

● 冰碛（南极洲）

○ 岩浆创造的独特地形

　　火山是岩浆喷出地表后形成的，但岩浆的流动性和活动方式不同，岩浆形成的地形也不同。流动性较强的岩浆会形成平原状或地盾状地形，流动性较差的岩浆则会形成圆顶形地形。

　　此外，因大规模火山碎屑流喷发而在火山口立即凹陷形成的破火山口、火山口附近的火山碎屑物和熔岩堆积形成的圆锥状熔岩丘等都属于熔岩地貌。

● 火山渣形成的熔岩丘（日本三宅岛葫芦山）

● 岩浆（美国夏威夷基拉韦厄火山）

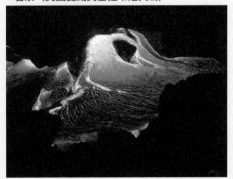

照片由 paul bica 提供

组成地球的最主要的矿物——布里奇曼石

地球内部结构分为地壳、地幔和地核三层。日常生活中能见到的岩石基本都来自地壳。

●地球内部结构

地壳厚度因地区而不同，大致为 5 ～ 50 千米，相对于约 6400 千米的地球半径来说，不过是薄薄的一层。组成地壳的岩石大致分为两类，即组成陆地地壳的花岗岩质岩石和组成海洋地壳的玄武岩质岩石。

地壳下的地幔主要由含橄榄石的岩石组成。捕虏岩是一种岩石碎片，被上升的岩浆捕获，岩浆喷出地表，冷却后形成火山岩的包裹体。捕虏岩中包裹的地幔岩石是研究地幔最表层的宝贵资料。

除此之外，人类无法直接获取更深层的岩石。所以，科学家们利用地震波探测地球内部，推算地球内部的温度、压力和成分，利用高压模拟实验进行进一步研究，从而得知地幔分为上地幔、过渡区、下地幔三层，地核分为内核和外核两层。

上地幔的主要组成矿物是橄榄石 (Mg_2SiO_4)，在一定压力下变形为似尖晶石结构，继续加压则变为尖晶石结构，最终分解成方镁石（MgO）和钙钛矿（$MgSiO_3$）。

这些矿物的相变机制正好对应地幔结构。似尖晶石结构和尖晶石结构的橄榄石组成过渡区，方镁石和钙钛矿组成下地幔。地核主要由铁合金组成，外核是液态的熔融铁，内核是固态的金属铁。

●地幔中有组成地球的最主要的矿物

相比薄薄的地壳，地幔的体积相当大，所以人们推测下地幔的主要组成矿物是地球含量最高的矿物。但由于在地表见不到这种矿物，很久以来它都没有名字。

为什么它连名字都没有？因为在矿物的定义中，矿物必须是自然界中存在或能被证明存在的物质，没有人见过的矿物自然无法被命名。想"一睹芳容"何其困难，能被带到地表的过渡区和下地幔的物质十分稀少，而且高压矿物在低压环境下十分不稳定，极易分解。除非这些岩石能被像金刚石般坚硬的矿物包裹，随着岩浆高速喷出地表，否则还没到地表就会分解，人类是看不到的。

●地球上最小、最难发现的矿物

2014 年，人类终于在自然界中发现了钙钛矿型的钙钛矿，命名为布里奇曼石。发现的样本不是来自地幔的岩石，而是陨石的冲击熔融脉。

冲击熔融脉指的是天体碰撞或大型陨石撞击地面时，瞬间产生的高温高压下形成的网状脉体。另外，1969 年和 1983 年，科学家分别在陨石上发现了尖晶石结构的橄榄石林伍德石和似尖晶石结构的橄榄石瓦兹利石。

这三种矿物十分微小，只能用电子显微镜观察。布里奇曼石作为组成地球的主要矿物，如今仍是地球上最小且最难以发现的矿物。

布里奇曼石这一名字是为了纪念诺贝尔物理学奖得主珀西·布里奇曼，他致力于使用高压发生器进行物理学研究，做出了杰出贡献。

●布里奇曼石

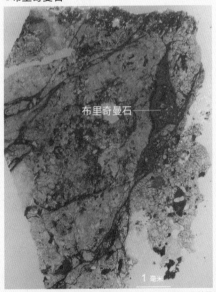

布里奇曼石——

1 毫米

引用自 Tschauner et al. (2014). Science. 346. 1100–1102 补录

▲ 珀西·布里奇曼

◆矿物的年代

一般来说，年代应该用数值来表示。我们所说的地质年代是以地层为依据定义的，比如中生代侏罗纪、新生代新近纪中新世等，仅表示年代的先后关系。

○测定矿物的年代

仅凭外表无法得知矿物的年代。一般使用放射性年代测定法，利用矿物残留的放射性元素测定年代，测出来的数值被称为放射性年代。

常用放射性元素有碳（C）、钾（K）、铷（Rb）、钍（Th）、铀（U）等。虽然大部分钾元素无放射性，但钾的稀有同位素钾（^{40}K）有放射性。

元素符号左上角的数字指的是质子和中子的和。钾 - 40 衰变（放射性衰变）产生氩 - 40（^{40}Ar）。放射性元素原子核半数发生衰变需要的时间叫作半衰期。钾 - 40 的半衰期为 12 亿 5000 万年，通过分析矿物中钾 - 40 和氩 - 40 的原子核数量，可算出矿物形成的年代。

钍和铀的同位素都具有放射性，衰变产生铅（Pb）。化学性质极其稳定的锆石中如果含有钍和铀，一般年代都相当久远。世界上最古老的锆石的年代约为 44 亿年前，日本最古老的锆石的年代约为 37 亿 5400 万年前。

●锆砂（日本高知县足摺岬产）

●含日本最古老的锆石的花岗岩
（日本富山县宇奈月产）

◯结晶的发育时间

　　矿物年代相对好测定，但结晶的发育时间很难测定。据说在最佳条件下，人工培育的水晶一年可以生长 30 厘米以上。但是，天然水晶发育条件不明，有很大可能性在发育途中突然停止，然后重新开始发育，不断重复。无法确定中间暂停发育的时间，也就无法得出具体的发育时间。

小故事

人工水晶的培育

　　下图中的水晶长约 12 厘米。和天然水晶不同，它呈厚板状，厚约 7 厘米。从正上方观察，还能发现一般水晶不存在的平行于纵轴（c 轴）的晶面（0001 面）。这个晶面并非平滑面，而是凹凸不平的鳞片状表面，呈现了结晶发育的过程。如此大的水晶，仅需数月即可培育完毕。

●人工水晶

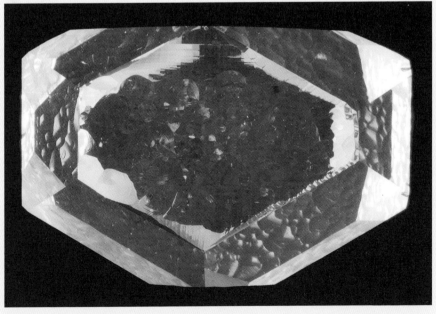

化石几乎等于矿物

化石有许多种类。从组成物质来看，贝壳、牙齿和骨骼化石几乎等同于矿物。

●化石的种类

化石的种类如下：

①贝壳、骨骼等成分溶解后，在岩石上留下印痕的化石。

②贝壳本身就是由碳酸钙构成的，晶体和文石相似。当贝壳化石化时，会再结晶成稳定的方解石化石。

③动物的牙齿和骨头主要由羟基磷灰石构成，化石化后，形成氢氧根置换为氟离子（氟磷灰石），或者磷被碳酸部分置换的化石。

④贝壳、牙齿和骨骼在掩埋过程中被完全置换成其他成分，或孔洞中堆积了其他物质形成的化石。

黄铁矿化的腕足美化石（美国俄亥俄州出土）

④常见的置换成分有石英质（玉髓、蛋白石）、铁和硫（黄铁矿以及黄铁矿的氧化产物——褐铁矿和赤铁矿）、铁和磷（牙齿和骨头多磷，加铁即可形成蓝铁矿）、碱、碱土金属、铝、硅（沸石）。有时还会和铜、锌、钴、铅的硫化物置换。日本纪伊半岛至四国的四万十层群出土的化石中，可见黄铜矿、闪锌矿、方铅矿、辉钴矿的化石。

●生物硬组织化石

树木化石大多会发生碳化和硅化。树木的硅化被称为硅化木或蛋白石化木化石，多用作装饰品。树叶容易腐败，大多数树叶化石是印痕化石。不过，树叶中的一些成分碳化后，可能以蓝铁矿的形式保存下来。由褐铁矿组成的树叶印痕化石，是树叶和褐铁矿成分一起堆积形成的，并非置换作用的产物。

硬组织化石还有牙形虫（磷灰石）、珊瑚（方解石）、有孔虫（方解石）、放射虫和海绵骨针（蛋白石或玉髓质石英）等。甲壳质外壳（螃蟹、虾、三叶虫等）虽然属于硬组织，但本身为多糖类有机物，容易分解，多为印痕化石，但也有在置换成方解石后成为化石的例子。

●生物软组织化石

软组织化石基本都是印痕化石，偶尔会出现被树脂包裹的昆虫等以琥珀的形式留存下来的情况。

部分藻类和细菌进行生命活动时，会从周围收集并摄取矿物质。这类生物群体收集的矿物质会附着在水底的岩石

●方解石化的直壳鹦鹉螺化石
（日本福井县福井市鲇川出土）

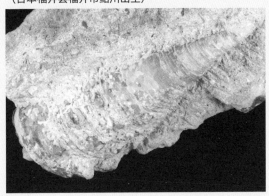

上，最终形成化石。这种化石属于铁、锰的氧化物和碳酸盐矿物的集合体。

●硅化木（美国产）

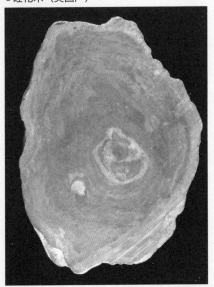

●包裹着昆虫的琥珀

黏土的世界

黏土既不是固体也不是液体，没有橡胶一般的弹性，却能保持变形状态（可塑性），是相当奇妙的物质。

●黏土是地球特有的矿物

油黏土的主要成分是高岭石（一种黏土矿物）和蓖麻油。纸黏土和塑料黏土虽然叫黏土，但不属于黏土。黏土指的是以风化次生矿物颗粒为主体的物质，粒度划分有所不同，土木工程学认定粒度为 0.005 毫米以下的土是黏土，地质学的定义是颗粒度为 1/256（≈ 0.004）毫米的泥（比砾和砂更细的碎屑物），而土壤学的定义是颗粒度为 0.002 毫米以下的颗粒。

加水后具有黏性的土统称黏土，由细小的矿物颗粒、水和有机物等构成。黏土矿物是构成黏土的矿物。黏土矿物几乎都是细粒层状硅酸盐矿物，如高岭石矿物、云母、蒙皂石、蛇纹石矿物、滑石、绿藻石。黏土是有名的陶瓷原料，水分子存在于其晶体表面和晶体内部，是水之行星——地球特有的矿物。

●黏土的应用

黏土被大量应用在我们的生活中。铅笔笔芯和橡皮就是由微细的黏土颗粒制成的，所以才能留下或擦去笔迹。有些化妆品和药品中也含有黏土矿物。

黏土吸水后呈胶状的特性被用在纸尿布的吸水剂上。能保持变形状态的特性被用在钻孔作业中，利用泥浆带出钻头前端的砂砾。黏土的吸附特性还能用在除臭、漂染和去污方面。

此外，黏土矿物晶体表面和内部排列聚集着许多不同的分子，可以起到催化剂的作用，加快化学反应速率，相关技术已经得到认可。由于黏土矿物的聚集、排列、作用等现象，有些学说甚至认为黏土矿物和氨基酸的聚合有关，是生命诞生的原因之一。

●黏土的应用对生物有利

人们在描述矿物变质时，会说"石头烂掉了"。有些诗歌中甚至把矿物变质形容成一种疾病。其实，黏土矿物虽然外表说不上好看，但的确是地球这颗富含水分的星球给予生命最好的礼物。

第 **4** 章

矿物的用途

　　人类需要许多材料来维持生存。其中不乏动植物材料，如木材、毛皮、棉花等。当然，矿物也是重要的材料，水泥、陶瓷等都是由矿物制成的。矿石指的是富含可利用矿物的岩石。矿石大量集聚的地质体叫作矿床。

◆矿物和我们的生活密不可分

人类和其他生物最大的不同点就是能使用火和工具，正因如此，人类能将矿物运用到生活中。

○人类利用矿物的智慧

石头是人类最古老的工具，不仅人类会使用石头，猴子、乌鸦等动物也能做到。后来，人类学会了将石头制成石器，用火烧土来制作陶瓷，甚至掌握了冶炼金属的技术。

先回顾一下陶瓷的历史。陶瓷由原始土器发展而来，既是生活用品，也是精美的艺术品。在现代，性能优异的先进陶瓷是高科技产业不可或缺的重要材料。常见的砖块、瓦片也是用矿物制成的。

防火砖是制作瓷砖、卫生陶瓷和工业炉的重要材料，它是由黏土、石英和长石等矿物经高温烧制而成的。

石英是窗户玻璃、玻璃杯等玻璃制品的原材料。用高温将石英、碳酸钠、石灰岩（方解石）、白云石等矿物熔化，冷却凝固的产物就是玻璃。

现代建筑的主体——水泥的原材料是石灰岩。在石灰岩粉末中加入黏土、石英和石膏，搅拌形成水泥。

▲石英

○从矿物中冶炼金属

冶炼金属可以说是人类的大智慧。矿物大部分是金属元素和氧或硫的化合物，想要从矿物中冶炼金属需要一定的技术。人类文明的历史也证明了这一点。

●自然界中的金属矿物

金常以自然金（同时也含银）的形态存在，相对容易加工。铜常以自然铜的形态存在，便于利用。

青铜器时代的青铜是铜和锡的合金。锡主要源于锡石（氧化物）。锡石抗风化、相对密度大，多以砂矿（砂状的矿石）的形态堆积在河川低洼处。锡石在较低温度下即可发生还原反应（分离氧元素），对古人来说，锡的冶炼相对简单。青铜器时代之后，人们学会了冶炼铁，比冶炼铜和锡容易得多。

自然铁极其稀有，主要来源于铁陨石（陨铁），玄武岩中也存在极少量的自然铁。和冶炼锡一样，主要原料是其氧化物——赤铁矿和磁铁矿。

砂铁作为一种冶铁原料，主要由磁铁矿构成。在砂铁中加入碳，进行高温冶炼，磁铁矿中的氧和碳发生反应，排出一氧化碳和二氧化碳，留下铁。

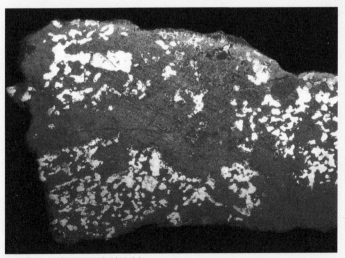

▲自然铁（俄罗斯西伯利亚产）

●高性能的合金钢

冶铁技术传遍世界后，铁成了人类最常用的金属，是支撑人类生活和工业生产的重要金属。在铁中加入碳，冶炼后得到碳钢；也可以加入其他合金金属，特别是稀有金属（钛、钒、铬、锰、镍、钴、钼、钨等），可冶炼出高性能的合金钢。

●不会生锈的金属

现在人们家里的水槽基本都是不锈钢材质的。不锈钢是铁、铬、镍的合金。铬冶炼自铬铁矿（铬的氧化物，结构和磁铁矿相似），镍冶炼自镍黄铁矿和镍纤蛇纹石（含水硅酸盐矿物的集合体）。铁氧化物和其他金属烧制而成的铁氧体是制作磁石的重要材料，是扩音器、变压器等电器的重要部件。

●第二常用的金属——铜

铜的导电性、导热性优异，最常用在电线中。除此之外，还广泛地运用于供水管网、建材、青铜制品、黄铜制品、白铜制品。铜主要冶炼自硫化物矿物，如黄铜矿、辉铜矿、斑铜矿等。

●锌和铅

锌主要冶炼自闪锌矿，除了用在黄铜制品上，还能镀在铁板上防锈。铅冶炼自方铅矿，主要用在汽车电池的电极上。以前的水管也会用到铅，但由于铅有毒，现在已经不再使用。

●轻金属的代表——铝

铝主要冶炼自铝土矿（氢氧化物矿物的集合体）。铝合金常用于餐具、易拉罐、铝箔、窗框等，是我们生活中不可或缺的金属。此外，由于铝合金十分轻薄，且具有优异的耐腐蚀性，也被应用于制造飞机、火车、船舶。

▼铝制易拉罐

▼铝铁矿

●被用作货币和装饰品的金属

金、银、铂族金属统称为贵金属。金和银自古就被用作货币和装饰品。冶炼铂族金属的技术直到近代才被发明出来。

用作装饰品（戒指、项链等）的贵金属量较少，主要还是用在工业方面。比如，金具有优异的耐腐蚀性和导电性，常用于电子工业。铂作为催化剂，是净化汽车尾气不可或缺的材料。

总的来说，矿物和金属确实使人类的生活更加便利和舒适。

▼镀金产品

照片由Ondrej Martin Mach提供

◆金属矿产资源

金属可以分为常见金属（铁、铜、铝、铅、锌、镉、锡）、贵金属（金、银、铂）以及稀有金属三类。

○自然界中的金属主要是合金

自然界中的金属很少以单质的形态产出，多为合金。砂金是化学、物理性质稳定的自然金风化后从母岩分离出来的产物。

有些砂金表面的银和铜脱落后，纯度相当高，不过内部还是多少掺杂了其他金属元素，依然属于合金。虽然自然界中存在数种自然元素矿物，但产量仍无法满足近代工业的需要。矿床中的矿石大多数是氧化物矿物和硫化物矿物等化合物矿物。

○铁矿石、铝矿石和锡矿石

铁矿石主要包括赤铁矿（Fe_2O_3）、磁铁矿（Fe_3O_4）、褐铁矿 [褐色的氢氧化铁，主要是针铁矿（$FeOOH$）]，它们都是氧化物。日本传统制铁法使用的砂铁是风化的磁铁矿细粒，并不是单质铁。

菱铁矿（$FeCO_3$）也是一种矿石。铁的硫化物因为分离出来的硫要进行处理，所以基本不用来冶铁。

铝是地壳的组成元素之一，是地壳中继氧、硅之后含量第三丰富的元素。不过，能当作资源来利用的铝矿石很少，仅限于铝土矿这样以氢氧化铝为主要成分的矿石，如三水铝石 [$Al(OH)_3$]。

锡矿石主要包括锡石。锡石的化学、物理性质稳定，抗风化，密度高，常堆积成重砂，形成矿床。

○铜、锌、汞、镉

铜以自然铜的形态产出，是继金（自然金）、铁（陨铁）之后人类最先使用的金属。近代之后，铜矿石主要是黄铜矿（$CuFeS_2$）及其变种，如斑铜矿（Cu_5FeS_4）、辉铜矿（Cu_2S）等硫化物矿物。铜的氧化物矿物（如赤铜矿）也可以用来炼铜，但不常用。

铜矿石矿床的上部（地表部分）在风化作用下富集的次生矿物也是珍贵的矿产资源，如孔雀石 [$Cu_2CO_3(OH)_2$]、硅孔雀石 [$(Cu，Al)_2H_2Si_2O_5(OH)_4·nH_2O$]、氯铜矿 [$Cu_2Cl(OH)_3$] 等。

锌矿石主要包括闪锌矿（ZnS），菱锌矿（$ZnCO_3$）也算其中一种。汞矿石的代表是辰砂（HgS）。人类使用辰砂的历史悠久，它是天然的红色颜料。

有些金属以副成分的形式存在，同样可作为资源加以利用。镉矿石的产量并不丰富，但它会作为副成分存在于其他矿石中，如锌铅矿就含有微量的镉。冶炼锌时也可能会分离出镉。银也是冶炼铜、锌、铅时回收的副产物。

●锡石（主要的锡矿石）

◆工业原料

矿物不光是冶炼金属的原料，还能应用在各种地方，如冶炼金属的熔剂、耐火材料、陶瓷和水泥的原料、肥料、催化剂等，还可以直接用于研磨剂、建材。

○冶铁熔剂

在冶铁的过程中，除了铁矿石之外，还会加入石煤（充当染料和还原剂）和熔剂一同冶炼。加入熔剂是为了促进生铁和矿渣分离，降低矿渣的比例和黏性。

为了阻止矿渣中的硅酸进行聚合和化合反应，熔剂中需要有 F^-、Mg^{2+}、Ca^{2+}，萤石（CaF_2）、蛇纹石 [$(Mg, Fe)_3Si_2O_5(OH)_4$] 和石灰石 [主成分为方解石（$CaCO_3$）] 是理想的熔剂。过去冶铁会用冰晶石（Na_3AlF_6）充当熔剂，现在一般用萤石合成品替代。

○用于水泥和陶瓷的黏土

黏土是我们熟知的陶瓷原料。陶瓷使用的是高岭石 [$Al_2Si_2O_5(OH)_4$]、蒙脱石 [$(Na, Ca)_{0.3}(Al, Mg)_2Si_4O_{10}(OH)_2 \cdot nH_2O$] 等黏土矿物，配合石英和长石细粉，加水搅拌而成。

高岭石黏土可制成耐火材料，但由于干燥或加热时材料显著收缩，适用性不如叶蜡石 [$Al_2Si_4O_{10}(OH)_2$]。

蓝晶石（Al_2OSiO_4）、硅线石（Al_2OSiO_4）、红柱石（Al_2SiO_5）同样是制作耐火材料的理想原料。耐火材料的原料大多是不含碱性金属和碱土元素的硅酸盐矿物，特性和熔剂相反，熔点高，黏性强。在先进陶瓷的制造过程中，会在高纯度原材料里加入微量的黏土矿物，充当塑化剂。

用于砂浆和混凝土的水硬性水泥（波特兰水泥等），主要成分是 Ca-Si-Al-Fe-S 的氧化物矿物。用熔融石灰（主成分为方解石）、黏土（高岭石等）、硅石（石英等）、冶铁矿渣可以制成水泥熟料，将水泥熟料和适量石膏（$CaSO_4 \cdot 2H_2O$）一同粉碎、搅拌，可制成水泥。

曾经，人们需要到矿山上开采石膏。现在使用的多是人工石膏，是发电厂、冶炼厂的脱硫设备或磷酸肥料生产过程中排出的副产物。

●水泥

●水泥熟料

照片由 tOrange.biz 提供

○化肥、火药、药品

化肥大多为氮肥、磷肥、钾肥。化肥的原料有钠硝石（$NaNO_3$）、磷矿石 $[Ca_5(PO_4)_3F]$、钾矿石（KCl）、光卤石（$KMgCl_3 \cdot 6H_2O$）等。

制备氮肥时，可以用氨气或氧氨化钙替代钠硝石。用氢气和空气中的氮气反应，即可得到氨气。氧氨化钙需要先用生石灰和焦炭反应得到电石，再用电石和氮气反应而成。

海鸟粪（鸟粪石）是一种特殊的粪肥，可制成氮肥，也可制成磷肥。蛇纹岩（蛇纹石等）是镁肥的主要原料。

硫是制备火药、药品、农药的原料之一，还是制造合成纤维、橡胶制品的重要原料。硫可以从自然硫矿物中获取，如今主要使用石油精炼的脱硫工序中产出的副产物硫。

●化肥

○研磨剂、建材、化妆品

矿物还可以直接当成素材利用，比如研磨剂。我们知道金刚石、刚玉、石榴石这类矿物是珍贵的宝石，但有些质地较差的原石无法加工成宝石，它们同样十分坚硬，可用来制作研磨剂和钻探机械的钻头。刚玉的宝石名叫作红宝石或蓝宝石，刚玉制成的研磨剂叫作刚玉磨料。

云母透明、耐火，可制成绝缘膜。水晶（石英）、萤石和方解石作为光学材料，曾用于制造透镜、棱镜和偏振镜。不过，如今被更均质、品质更高的合成结晶、玻璃和塑料代替了。

岩石（矿物的集合体）可以当作建材，如大理石、板岩、御影石等。

纤维状的蛇纹石、角闪石被称作石棉，像丝线一般可纺织，是重要的保温、耐腐蚀、耐损蚀材料。但是，科学家发现石棉的吸附性对人体有害，如今已经禁止生产和使用。

黏土矿物和碳酸盐矿物研磨成粉，用途甚广，可用在药品、化妆品、食品、造纸、塑料制造、建材、园艺用品等方面。历史悠久的中药也常使用各种矿物的粉末，保健用品的成分表里也能发现不少矿物。化妆品和汽车喷漆中会加入云母粉末，呈现独特的光泽。精炼（脱色）食用油时，会加入活性白土作为脱色剂。过滤生啤酒时会加入硅藻土，充当助滤剂。

●板岩屋顶

石棉

石棉是属于蛇纹岩类岩状矿物的纤维状硅酸盐矿物（即温石棉）、属于闪石类的纤维状硅酸盐矿物（即绿闪石、棕石棉、直闪石、青石棉或任何含上述几种物质的混合物）。

●蓬松的魔幻矿物

石棉可用于工业材料。从字面上看，石棉这一名称是指石棉和棉花一样，具有蓬松的特性。

石棉的希腊语名称"asbestos"直译为"永恒不变"，形容石棉是性能优异的工业原材料。石棉产量大，价格低，用途广泛，曾被称为"魔幻矿物"，一直被用于工业生产。

●无声的"定时炸弹"

自从人们发现石棉对人体有危害后，石棉就被禁止使用了。石棉的纤维极细，易飞散到空中，人吸入肺中容易诱发胸膜间皮瘤、肺癌、石棉肺等疾病。石棉引起的相关疾病都有很长的潜伏期，特别是胸膜间皮瘤，甚至往往需要几十年才会发病，就像一颗无声的"定时炸弹"。

近年来，石棉污染传播甚广，不仅从业者深受其害，普通民众的健康也受到威胁，成为一大社会难题。除此之外，如何管理和处置曾经大量使用的石棉，也是一个世界性难题。

●石棉防火手套

照片由LukaszKatlewa提供

●悠久的历史

在日本，石棉的历史大概可以追溯到《竹取物语》时期，故事中的辉夜姬向追求者右大臣阿部御主人索要的火鼠裘可能就是石棉制的。另外，江户时代的平贺源内还用细长、蓬松的石头纺织成火浣布，令世人惊叹。

石棉性能优异，优点众多，曾是人们眼中的实用材料。在它的危害性被发现之前，它被广泛运用于各个领域。在日本，八成以上的石棉被用在建筑行业。

●日本江户时代的博物学家、发明家平贺源内

1955 年至 1975 年建造的日本建筑可能都使用了石棉。制造、加工、建造、拆除等行业的从业者最有可能暴露在石棉中。

在日常生活中，只要做好管控，防止石棉纤维因产品劣化或破损飞散到空气中，大多不会有什么问题。石棉是一种矿物，是天然的材料，本身不属于危险品。观察或接触石棉不会危害人体健康。

●《竹取物语》（绘卷）

◆不可或缺的工业原料——稀有金属

铁、铜、铝等常见金属是工业的"主力军"，稀有金属是工业的"替补队员"，含量少但不可或缺。

○随着科技进步，金属的需求量不断增加

稀有金属是含量很少，因技术条件或经济条件限制而难以提取，在现在和未来有工业需求，或随着科技进步被预测有工业需求的金属。稀有金属的标准较模糊。

稀有金属包括锂、铍、硼、稀土（钪、钇、镧、铈、镨、钕、钷、钐、铕、钆、铽、镝、钬、铒、铥、镱、镥）、钛、钒、铬、锰、钴、镍、镓、锗、硒、铷、锶、锆、铌、钼、铟、锑、碲、铯、钡、铪、钽、钨、铼、铂族（铂、钌、铑、钯、锇、铱）、铊、铋等。

○主成分为资源的矿物种

稀有金属都是珍贵的资源。但由于稀有金属本身在地壳中的含量低，且大多存在于复杂的化合物（如硅酸盐矿物）中，专门分离和提取较为困难，所以不少稀有金属都是精炼常见金属的副产物。

此外，由稀有金属组成的矿物也极少能形成矿床，供人们开采。

天然铂（Pt）是稀有金属的自然元素矿物的代表。天然铂常和铂族元素钌（Ru）、铑（Rh）、钯（Pd）、锇（Os）、铱（Ir）组成合金产出，精炼后可以回收利用这些副成分。

铱和锇组成的自然铱和自然锇统称为铱锇矿。金红石（TiO_2）、软锰矿（MnO_2）、方铈矿（CeO_2）是稀有金属组成的氧化物矿物。辉钴矿（CoAsS）、硫钴矿（Co_3S_4）、

镍黄铁矿 [$(Ni,Fe)_9S_8$]、辉钼矿（MoS_2）、辉铋矿（Bi_2S_3）是稀有金属组成的硫化物矿物。

菱锰矿（$MnCO_3$）、碳酸锶矿（$SrCO_3$）、氟碳铈矿（$CeCO_3F$）是稀有金属组成的碳酸盐矿物，常见于低温热液矿脉、变质带、火成碳酸盐岩中。

羟磷锂铝石 [$LiAlPO_4(OH)$]、独居石（$CePO_4$）、天青石（$SrSO_4$）等是由稀有金属组成的磷酸盐矿物和硫酸盐矿物。稀有金属组成的硅酸盐矿物种类繁多，但能用的只有锂云母 [$KLi_{1.5}Al_{1.5}(Si_3Al)O_{10}F_2$] 和多硅锂云母（$KLi_2AlSi_4O_{10}F_2$）系列]、透锂长石（$LiAlSi_4O_{10}$）、锂辉石（$LiAlSi_2O_6$）、绿柱石（$Be_3Al_2Si_6O_{18}$）、硅铍石（$Be_2SiO_4$）。

在含氧酸盐类矿物中，氧酸中心的稀有金属元素也是可提取的资源。代表矿物有烧绿石 [$(Ca，Na)_2Nb_2O_6(OH，F)$]、钛铁矿（$FeTiO_3$）、铬铁矿（$Fe^{2+}Cr_2O_4$）、铌铁矿（$Fe^{2+}Nb_2O_6$）。

○含有微量稀有金属的矿物种

含有微量稀有金属的矿物种也常被使用，比如含镍磁硫铁矿和黄铁矿。除此之外，富含镍的高岭石 - 蛇纹石族矿物混合物（即硅镍矿）也常用于提取镍。

锂可以从岩盐（$NaCl$）中提取。钒（V）是金属矿石和原油中的微量成分，可作为副产物产出。钴（Co）可作为精炼铜镍的副产物产出。中国云南省拥有世界级的稀土矿床，稀土元素吸附在风化黏土矿物（如高岭石、埃洛石）的表面，矿状独特。

稀土元素稀有吗

稀土元素是元素周期表中镧系元素和钪（Sc）、钇（Y）等十七种金属元素的总称。

●重要的尖端工业素材

稀土和我们的日常生活息息相关，光学、电子学、能源、催化剂、医学等领域都有应用。

稀土和稀有金属常被混为一谈，其实二者并不相等。稀有金属指的是有工业需求，同时在自然中含量很少且难以从原料中提取的金属，稀有金属包括稀土。

●稀土稀有的原因

稀土元素的化学性质相似。同为 3 价阳离子，稀土比 B^{3+} 和 Al^{3+} 大，和 Bi^{3+}、Ca^{2+}、Na^+ 差不多。在稀土元素中，除了钪比较特殊外，镧系元素前半部分元素（轻稀土）与后半部分元素和钇相比，半径差距并不大。

由于性质相似，单独分离和提取某一种稀土元素的操作难度较大。反过来说，矿物形成时稀土元素就是共存的。由稀土组成的矿物中，几乎能检测出所有稀土元素。发现稀土的历程经历了许多曲折，经过相当烦琐的程序才终于将氧化物中的稀土元素提取出来，因此命名为稀土。不过，它们在地壳中的含量并不少，说不上多么稀有。当然，像钷这样没有稳定同位素的稀土元素确实是十分稀有的。但像铈、钕、镧、钇这样的稀土元素，含量甚至比钴和铅还丰富。

●许多矿物中都含有微量稀土

目前发现的由稀土组成的矿物大概有 200 多种。除了钪之外，稀土组成的矿物的名称都包含含量最多的稀土元素，一目了然。

许多矿物中都含有微量的稀土元素。但要作为资源加以利用，就要找到稀土矿物组成的矿床。可优质的稀土矿床数量有限，十分珍贵。从这个角度来看，稀土确实稀有。

第 4 章 ◆ 矿物的用途

"都市矿山"

人类使用的所有素材都来自大自然，有的来自植物（如木材），有的来自动物（如珊瑚、珍珠），有的来自地球本身（如矿石、石油、石炭）。

●有限的矿产储量

不论矿物在地壳中的含量有多高，想要加工成材料，就要找到矿石富集的矿床。但矿床中的矿物储量是有限的。

而且，随着人们对矿物的需求日渐增多，矿产供给不一定跟得上。人类如果想维持如今富足的生活，等待矿床再生是不现实的。

●提高回收技术，获取优质资源

资源的回收再利用不仅是为了维持日常生活，更是为了保护自然环境。矿石经过精炼提纯，可以加工成各种产品。

经过提纯的素材，在加工过程中多会被稀释。但只要在回收利用上多下功夫，甚至可以提取与原矿石品质相等甚至更胜一筹的资源。而且，不少人类的矿石精炼技术都可以用于回收利用。

● 1 吨手机中含有 400 克金

城市里废弃家电堆积成的垃圾山，可以看作"都市矿山"，其中含有不少有用的资源。当工厂中培育的人工结晶制成产品，完成使命后，便可作为"都市矿山"的"矿石"，回收利用。如此一来，在资源有限的前提下，人类就能在维持生存的同时保护好环境。

以金的回收利用为例。金作为装饰品，是十分贵重的金属。它拥有良好的导电性且不易劣化，常用于制造电子设备。手机是最常见的电子设备，据说 1 吨手机中含有 400 克左右的金。这个含量比一般金矿石的含金量还要高，属于品质极高的金矿石。

◆宝石和用作装饰品的矿物

大部分宝石是由矿物制成的。钻石、红宝石、祖母绿都是人们熟知的宝石。

○金刚石大多用于工业

在已知的 5700 种矿物中，能制成宝石的不多于 100 种。但我们不能称它们为"宝石矿物"。就算是金刚石，大多都不用来做宝石，而是用于工业，如当作磨料等。

在宝石市场中，钻石占据压倒性的份额，之后是红宝石、蓝宝石、祖母绿等。金绿宝石、蛋白石、海蓝宝石、黄玉、电气石、紫晶、石榴石、翡翠、绿松石、月长石等也是著名的宝石。

真正的宝石仅需要打磨和切割，无须过多加工，非常稀有且价值很高。市面上有些宝石同样颜色鲜艳、光泽闪耀，但几乎没有价值。

●打磨金刚石

为此，想购买有价值的宝石时，需要选择信用度良好的店铺。如果只是为了取悦自己的话，选择经过加工的便宜宝石也无妨。

此外，有些晶体完整的矿物也是有价值的，打磨后反而会贬值，需要妥善保存。

○加工令宝石绽放光彩

一般来说，能加工成宝石的矿物要么完全透明，要么拥有绚丽的颜色，且光泽强、透明度高、坚硬、耐刻划。有些矿物甚至能随着光源的变化而变色，出现像猫眼或星星一样的闪光。但是，自然界中的矿物很少能直接以如此完美的状态产出。

为此，需要对矿物进行加工，用高温或射线照射等方法，让宝石绽放应有的光彩。

珍珠是贝类生产的有机物，结构类似于文石。珍珠也算宝石的一种，但不是国际认可的矿物。下面介绍一些主要的宝石。

●金刚石（钻石）

只有足够大的金刚石才能制成钻石，而这样的金刚石只能在深度 150 千米以下的高温高压地幔中才能找到。地底深处的岩浆涌向地表时，偶尔会裹带途中的金刚石，金刚石就这样随着岩浆一同来到地表。除此之外，人类没有办法触及地底深处的金刚石。金刚石在低压高温的环境下还可能变质成石墨。石墨在地表浅层是稳定的，可以推测岩浆裹带金刚石到喷出地表的时间应该相当短。

能见到人类的金刚石都跨过了这样的一道道坎。印度和巴西一度是金刚石的主要产地，之后被南非取代。现在，俄罗斯、博茨瓦纳、刚果共和国、加拿大、安哥拉、澳大利亚也是主要的金刚石产出国。

●钻石

●彩钻

钻石的价值由"4C 标准"衡量。

·克拉（Carat）

质量单位，1 克拉等于 0.2 克。

·色泽（Color）

GIA 国际钻石颜色等级将钻石的颜色分成 23 个等级，按照字母表顺序排列。D 代表透明无色，Z 代表黄色。通过比色石可以大致判断钻石的颜色。

·净度（Clarity）

用十倍放大镜观察钻石内部，瑕疵和内含物越少，净度越高。FL 级代表完美无瑕，接着依次是 VVS、VS、SI 级。瑕疵和内含物大到肉眼可见的话，则是 I 级。

·切工（Cut）

评价钻石切工优劣的指标，分别为理想（Excellent）、非常好（Very Good）、好（Good）、一般（Fair）和差（Poor）。当然，"4C 标准"也不能完全衡量钻石的价值，美观程度等也是决定价值的重要因素，但其评定需要由专业人士进行。

第 4 章 ◆ 矿物的用途

●祖母绿

纯净的绿柱石是无色的，但如果混入显色元素，就会呈现各种各样的颜色。其中，最具代表性的是祖母绿，在铬或钒元素的作用下，呈鲜艳的绿色。

市面上的祖母绿有一半产自哥伦比亚。哥伦比亚产的祖母绿因含铬而显色。赞比亚产的祖母绿因含钒而显色。祖母绿多瑕疵，多浸油处理。

●祖母绿

海蓝宝石也属于绿柱石的一种，在花岗伟晶岩中偶有发现。海蓝宝石含铁，呈蓝绿色，其中偏蓝的种类更受追捧。巴西、马达加斯加、巴基斯坦等地区均有产出。

●红宝石和蓝宝石

红宝石和蓝宝石都是刚玉的一种。纯净的刚玉无色透明。红宝石含铬，呈红色。但几乎所有天然红宝石都需要经过热处理，才能呈现美丽的红色。

由于其隐藏价值，没有加工的红宝石原石都是以高价贩卖流通的。缅甸是高品质红宝石的产地。此外，红宝石在紫外线照射下，会发出赤紫色的荧光。

蓝宝石本来指的是蓝色的刚玉，但如今泛指所有除红宝石以外的有色宝石级刚玉，而蓝色蓝宝石则特指蓝色的刚玉。

●红宝石

蓝色蓝宝石的蓝色来自铁和钛。同样地，蓝宝石也需要经过加热处理才能呈现美丽的蓝色。克什米尔地区产的蓝宝石十分有名。

● 黄玉

黄玉主要产自花岗伟晶岩，大部分颜色较淡，日本也有产出。其中，巴西产的帝王黄玉最有名，粉红色的黄玉也相当受欢迎。自然界还存在淡蓝色的黄玉，但那些鲜艳的蓝色黄玉都是经过辐照处理的，没有价值。

●帝王黄玉

● 金绿宝石

金绿宝石中含有针状包裹体，将其切割成凸圆形，可以看见宝石内有一条形似猫眼的光带。

虽然其他矿物也能呈现这种效果，但说到猫眼石，一般指的就是金绿宝石。含铬的金绿宝石，在阳光下呈绿色，在白炽灯下呈红色，也被称为变石，是极其高价的宝石。

●金绿宝石

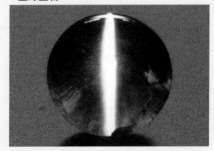

虽然相当稀有，但拥有猫眼效果的变石的确存在。斯里兰卡、巴西、俄罗斯、缅甸是金绿宝石的主要产地。

●自然光下的变石

●白色灯光下的变石

第 4 章 ◆ 矿物的用途

●蛋白石

大多数宝石由矿物的单个结晶切割而成，是拥有多个切割面的多面体。但蛋白石是非晶质的块状宝石，一般切割成凸圆形。

●蛋白石

蛋白石中的二氧化硅球粒排列规则，又因为光线的干涉，颜色会随着观察角度发生变化，这个效果被称为游彩效应。贵蛋白石的游彩效应显著，是一种珍贵的宝石。澳大利亚、墨西哥、埃塞俄比亚均有蛋白石产出。

●翡翠

纯净的硬玉是无色的，混入铁、铬、钛、锰等元素时，会呈绿色、淡紫色等。翡翠指的是硬玉或绿辉石的矿物集合体，和蛋白石一样，被切割成凸圆形，有时也会被制成翡翠板、翡翠戒指、翡翠手镯等装饰品。

●翡翠

日本的一些遗迹出土的勾玉也是翡翠制的。缅甸、危地马拉、日本新潟县丝鱼川市都是有名的翡翠产地。

星光蓝宝石和达碧兹蓝宝石

　　星光蓝宝石和达碧兹蓝宝石是刚玉的变种，从某个角度观察时可以看到六道星光般的线，这种现象被称为星光效应。

●包裹体引发光的干涉

　　星光效应缘于细小的针状包裹体对光线的干涉。尖晶石、石榴石也有同样的效应。针状包裹体的定向（晶体的密集排列方向）受宝石的晶体结构影响，在两个方向直交则出现 4 条星线，在三个方向相交则出现 6 条星线。

　　刚玉包裹体中容易形成星光效应的是金红石（二氧化钛）。此外，钛和铁能置换刚玉中的铝元素，使蓝宝石呈现蓝色。

　　红宝石的红色来源于铬。星光红宝石的形成需要更多的钛，同时还不能含铁元素，条件苛刻。所以，星光红宝石比星光蓝宝石更加稀有。

●星光蓝宝石

●凤毛麟角的达碧兹祖母绿

　　达碧兹蓝宝石和达碧兹红宝石同样有星光效应。这种现象在祖母绿和水晶上也可见，它们都是极其稀有的宝石。其中，达碧兹祖母绿最知名。

　　文石、堇青石、红柱石也会出现六星线和四星线，但那些都属于孪晶，星线来自孪晶面周围富集的杂质。

●雪花般的形状

　　达碧兹红宝石、达碧兹蓝宝石和达碧兹祖母绿都是六方柱状的单晶，组成六条星线的并非孪晶。某种学说称达碧兹结构呈雪花形状是结晶的六条旋臂快速发育，其余凹陷部分缓慢发育的结果。

快速发育的部分含有许多包裹体，所以呈六条旋臂的模样。虽然统称为达碧兹结构，但不同矿物形成的达碧兹结构都有所不同，成因也各不相同，具体成因还是未知的。

●达碧兹祖母绿

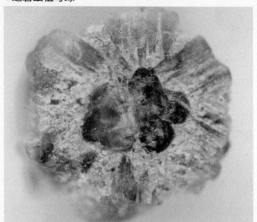

●达碧兹红宝石

●达碧兹蓝宝石（日本岐阜县药研山产）

这个标本虽然看起来像星光蓝宝石，但内部组织更偏向达碧兹结构，又和典型的达碧兹蓝宝石不尽相同。一般来说，达碧兹蓝宝石中的杂质会组成"细线"，但该标本中杂质组成的是图中的蓝色的部分，白线则是杂质和杂质间的分割线。

第 **5** 章

矿物的用途（稀有金属一览）

稀有金属是必不可少的工业材料。日本将地壳中含量较少、提取困难，且现在或将来有工业需求的金属认定为稀有金属。

锂

● 英 文 名：Lithium
● 元素符号：Li

● 原子序数：3　　　　● 原子量：6.941

● 沸　　点：1342 ℃　　● 熔　点：180.5 ℃

● 密　　度：0.534 g/cm³

● 锂

海水中的锂虽然很稀薄，但总量可观。岩盐中含有少量的锂，是重要的锂来源。此外，伟晶岩伴生的锂云母、透锂长石、羟磷锂铝石、锂辉石等也是可用资源。

镁可用于制造高强度的轻合金和高能量密度锂电池的负极。此外，锂也常制成硬脂酸锂，用于汽车润滑油。随着锂电池的普及，需求量增多，锂资源的开发越来越重要。其中，富含锂盐的玻利维亚乌尤尼盐沼的开发广受关注。

●玻利维亚乌尤尼盐沼

▲南北跨度约 100 千米、东西宽度约 250 千米、海拔约 3700 米的巨大盐湖，因安第斯山脉隆起形成的内海湖蒸发形成。100 千米内高低差仅 50 厘米，被称为世界上最平坦的地方。据说乌尤尼盐沼的锂埋藏量占世界的 50% 之多。

钛

英 文 名：Titanium
元素符号：Ti

- 原子序数：22
- 原子量：47.87
- 沸　点：3287 ℃
- 熔　点：1670 ℃
- 密　度：4.506 g/cm³

● 钛晶体

◆ 化学性质稳定，耐风化，密度大

　　钛在地壳中的含量低于镁，排在第 9 位，主要来源是各种岩石中的钛铁矿和金红石等矿物。钛矿化学性质稳定，耐风化，密度大，有时会以重矿物（密度大的矿物的颗粒组成的松散聚合体）的形式存在。钛的矿物结晶中，常见铌、钽等元素。

　　二氧化钛是优秀的光触媒材料，多用于空气净化器、除臭滤网、去污剂。二氧化钛吸收光（紫外线）时会催化氧化反应，分解吸附在物体表面的污渍和臭气。

二氧化钛折射率高，其粉末可以引发光的强反射、强弯射，也被用作白色颜料和涂料。随着世界各国加强对使用铅的管制，二氧化钛涂料成了碱式碳酸铅（铅白）的替代品。但由于钛的光催化功能，暴露在紫外线中时可能会氧化分解涂料中的成分，导致涂料变质。

小故事

质量轻、比强度高的钛合金

钛合金常用于飞行器制造、海洋机械制造、化学工业。二氧化钛常用于涂料、化妆品、白巧克力、人工宝石、光触媒的制造。钛质量轻，相对密度小，比强度（又称强度质量比）高，是可用金属中比强度最高的一类。

出于其优异的性能，钛也多用于制作自行车变速齿轮。

● 莱斯（ROYCE）公司生产的钛制齿轮

照片由rehview提供

● 北美手工自行车展上展出的的钛合金自行车

照片由Richard Masoner提供

钒

英 文 名：Vanadium

元素符号：V

原子序数：23　　　　原子量：50.94

沸　　点：3407 ℃　　熔　点：1910 ℃

密　　度：6 g/cm³

● 金属钒

◆钒和铁能制成特殊钢

钒矿中的钒以 3、4、5 价阳离子的状态存在。可利用的钒资源多为金属矿石或原油精炼的副产物。钒铅矿、砷铅石、磷氯铅矿结构相同，分别属于铅的钒酸盐、砷酸盐和磷酸盐矿物。钒酸盐、砷酸盐和磷酸盐矿物的晶体结构十分相似。一些生物体中也含有浓缩钒，如海鞘、海蛞蝓、毒蝇伞等。

小故事

可强化钢铁的钒

钒主要用来和铁合成特殊钢材。钒钢常用来制作普通工具（扳手等）和切割工具。钒盐和钒的氧化物拥有丰富的颜色，可用于陶瓷上色。此外，钒还可以充当工业催化剂，用于合成硫酸。

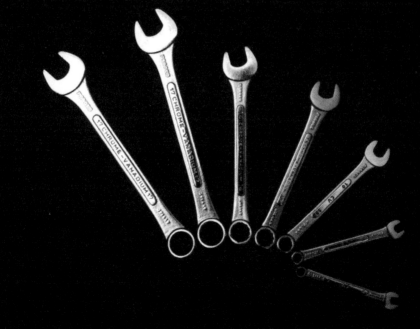

照片由Ildar Sagdejev提供

第 5 章 ◆ 矿物的用途（稀有金属一览）

137

铬

英 文 名 ：Chromium
元素符号 ：Cr

原子序数 ：24　　原子量 ：52

沸　　点 ：2671 ℃　　熔　　点 ：1907 ℃

密　　度 ：7.18 g/cm³

● 金属铬

◆ 铬可以置换晶体中的铝

铬作为过渡金属的一员，有 3 价和 6 价的阳离子，性质多样。特别是 3 价铬离子，极易置换晶体中的 3 价铝离子，比如红宝石的主要成分氧化铝就是刚玉中微量的铝被铬置换而成的。6 价铬离子多存在于铬酸盐的核心处。铬铁矿（铬和铁的氧化物）是重要的铬资源。

铬除了能和铁制成不锈钢之外，加入其他稀有金属还能制成铬钒钢、铬钼钢等合金材料。此外，镀铬层是一般金属镀层中硬度最高且耐损蚀的镀层，多用于合金的表面处理。金属铬较为柔软，而镀铬层硬度高是因为在镀铬过程中，金属铬的晶体结构混入了氢。3 价铬无毒，但 6 价铬毒性很强，所以现在世界范围内都在逐步限制金属铬的使用。

● 镀铬

小故事

发热体常用的合金

用镍和铬制成的镍铬合金线，常用作电热器的发热体。而后来出现的铁铬合金（由铁、铬和少量铝制成的合金），相较于镍铬合金，成本更低且性能更好，也常用作发热体。

照片由Qurren提供

锰

● 英 文 名：Manganese
● 元素符号：Mn

● 原子序数：25　　　　　● 原子量：54.94

● 沸　　点：2061 ℃　　　● 熔　点：1246 ℃

● 密　　度：7.44 g/cm³

● 金属锰

🔶 备受瞩目的资源——锰结核

　　锰矿中的锰多为 2、3、4 价，如软锰矿（氧化物）、菱锰矿（碳酸盐）等，矿石种类多。此外，海底蕴藏的锰结核如今是备受瞩目的资源。2 价锰矿的结晶多呈鲜艳的粉色，但表面氧化后会变质成纯黑色。

　　在制铁过程中加入锰，可以减少氧和硫的含量，增加硬度。二氧化锰是干电池的原料。含锰的铁氧体常用于制作录像机的磁头。

镍

英 文 名：Nickel
元素符号：Ni

○ 原子序数：28　　○ 原子量：58.69

○ 沸　　点：2913 ℃　　○ 熔　点：1455 ℃

○ 密　　度：8.9 g/cm³

● 金属镍

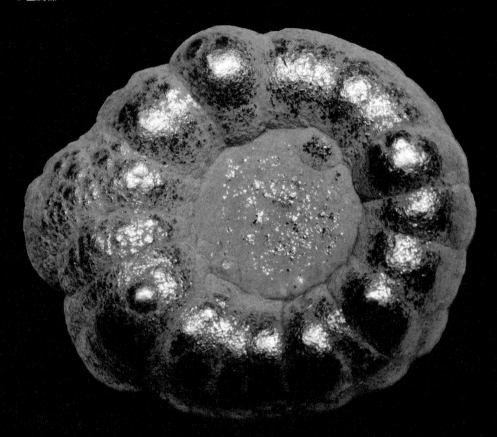

◆ 磁黄铁矿和黄铁矿中含有微量的镍

　　科学家认为，地壳中的镍的含量远远少于地核中的镍。磁黄铁矿和黄铁矿中含有微量的镍，是重要的镍资源。除此之外，硅镍矿（由富含镍的蛇纹石组成的矿石）也是可利用的镍资源之一。含镍的蛇纹石矿物代表有富镍绿泥石、镍纤蛇纹石等，这些矿物常含镁。

锶

英 文 名：Strontium
元素符号：Sr

原子序数：38　　　原子量：87.62

沸　　点：1377 ℃　　　熔　点：777 ℃

密　　度：2.6 g/cm³

● 金属锶

◆ 锶在地壳中广泛分布，但含量极低

　　在元素周期表中，钙在锶的正上方，二者性质相似，所以锶可部分置换矿物中的钙，如方解石、石膏等。锶在地壳中广泛分布，但含量极低。锶组成的矿物有菱锶矿、天青石等，是重要的资源。

小故事

锶在荧光灯泡和LED灯泡上的应用

碳酸锶是显像管玻璃和铁氧体磁石的原材料。锶盐的焰色为深红色，可用于制成红色的烟花和照明弹。

含锶的红色荧光体，常用于荧光灯泡、LED 灯泡的制作。锶和铝的氧化物还可以制成用于钟表的蓄光涂料。

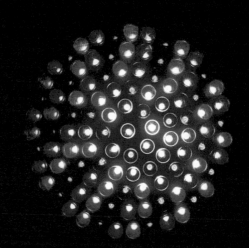

小故事

镍铜合金

镍常用于制造合金材料，如镍铬合金、不锈钢等。还可用于制造镍镉电池、镍镀层等。日本 1967 年开始发行的 50 日元硬币和 100 日元硬币就是镍铜合金——白铜制成的。此外，日本 1955 年—1966 年发行的 50 日元硬币都是纯镍材质的，十分珍贵。

● 50 日元硬币

● 100 日元硬币

锆

英 文 名：Zirconium
元素符号：Zr

原子序数：40　　　　原子量：91.22

沸　点：4406 ℃　　　熔　点：1854 ℃

密　　度：6.52 g/cm³

● 金属锆

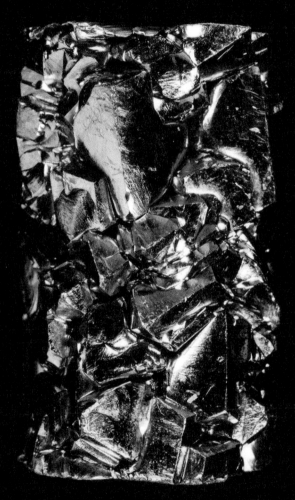

◆ 锆是存在于岩浆岩和变质岩中的副矿物之一

　　锆组成的矿石主要是锆石（锆的硅酸盐矿物）。锆石大多为岩浆岩和变质岩的副
矿物，可用来测定地质年代。锆的氧化物是二氧化锆，组成的矿物是斜锆石。

小故事

金刚石的仿造品——斜锆石

斜锆石加入钇、钙后，会形成和金刚石一样的等轴晶系晶体结构，折射率高，常被当作仿造金刚石使用。斜锆石有耐化学性，也用于化学工程。它硬度大、熔点高，是先进陶瓷的重要原料，还可以用于制作氧气探测器、人工骨、菜刀和剪刀等。锆铌合金是超导体。

照片由BastienM提供

小故事

液晶屏中的铟

铟和砷、锑、磷的化合物可以用来制作晶体管、热敏电阻等半导体元件。氧化铟中加入少量氧化锡，即可制成氧化铟锡，氧化铟锡和铟、镓、锌的氧化物可以制成透明电极，常用于制造液晶屏。

▲自动取款机的液晶屏

钼

英 文 名：Molybdenum

元素符号：Mo

原子序数：42　　　　　　　原子量：95.95

沸　　点：4639 ℃　　　　　熔　点：2622 ℃

密　　度：10.28 g/cm³

● 金属钼

◆ 钼是铜矿床和钨酸盐矿床的副产物

钼在彩钼铅矿、钼钙矿等钼酸盐矿物中都有产出。辉钼矿（钼的硫化物矿物）是主要的钼矿石。此外，钼还可作为铜矿床和钨酸盐矿床的副产物产出。

钼主要用来改善钢铁的力学强度和耐热性，还可用于制作耐火合金、电接触材料、电极等。二硫化钼是辉钼矿的组成物质，是耐高温的固体润滑剂，常混合油脂和润滑脂使用。

铟

● 英 文 名：Indium
● 元素符号：In

● 原子序数：49 　　　　　● 原子量：114.8

● 沸　　点：2027 ℃　　　● 熔　　点：156.6 ℃

● 密　　度：7.3 g/cm³

● 金属铟

◈ 铟是锌和铅精炼时的副产物

　　铟的矿物主要有樱井矿和硫铟铜矿等硫化物矿物、铂铟化合物和铂铟氢氧化物矿物。铟主要作为锌和铅精炼时的副产物产出。曾经，日本札幌丰羽矿山的铟产量居世界第一，但该矿山已于 2006 年关闭，现在日本主要从中国进口铟。

锑

● 英文名：Antimony
● 元素符号：Sb

● 原子序数：51 　　　 ● 原子量：121.8
● 沸　　点：1587 ℃ 　　 ● 熔　　点：630.63 ℃
● 密　　度：6.7 g/cm³

● 金属锑

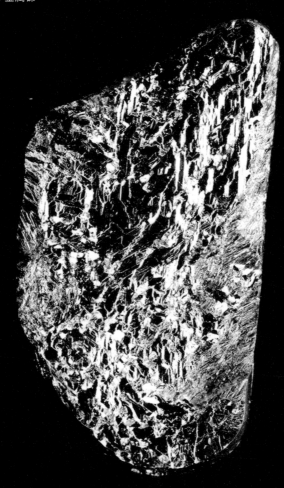

◆ 辉锑矿

　　锑是一种类金属元素，拥有三种同素异形体，常温下稳定的单质锑叫作灰锑。锑的主要矿石是辉锑矿（硫化物）。日本爱媛县市川矿山在明治时期产出过似日本刀一般细长、光泽冷厉的辉锑矿结晶，其美丽程度令收藏家们都为之惊叹。除辉锑矿外，目前已知有 200 多种矿物含锑。

工业中的锑合金

锑可以和铅或锡制成合金，当作铅蓄电池的电极使用。锑化铟（或称铟化锑）是重要的半导体材料。锑合金可以用于制作活字印版、工艺品等。锑的氧化物还可以充当塑料、纤维中的阻燃剂。

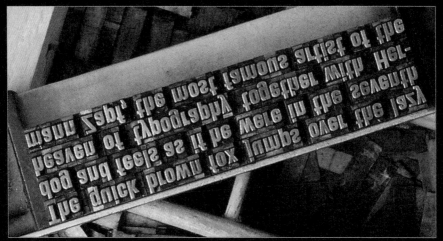

▲活字印版

图片由 Willi Heidelbach 提供

小故事

光盘中的碲合金

碲的氧化物呈红色和黄色，常用来给陶瓷和玻璃上色。碲还可以用来制成特殊合金，或用来制造高灵敏红外线探测器。可写光盘的制造也用到了碲合金。

▲光盘

碲

英 文 名：Tellurium
元素符号：Te

- 原子序数：52
- 原子量：127.6
- 沸　　点：988 ℃
- 熔　点：449.51 ℃
- 密　　度：6.24 g/cm³

● 金属碲

人们在日本发现了许多碲的新矿物

　　单质碲的块状物呈银白色金属状，属于半导体。可利用的碲资源除了自然碲之外，还有金、银、铋的碲化物矿物以及碲酸盐矿物。都茂矿（铋的碲化物）、手稻石（铜的亚碲酸水合物）、河津矿（铋的碲硒化物）、钦一石（锰铁的亚碲酸水合物）等都是在日本发现的碲的新矿物。

钡

● 原子序数：56　　　　● 原子量：137.3

● 沸　　点：1845 ℃　　● 熔　点：727 ℃

● 密　　度：3.51 g/cm³

● 金属钡

◆ 钡的主要来源——重晶石（硫酸盐矿物）

做胃部 X 光检查时要饮用造影剂，增强影像观察效果，造影剂其实就是重晶石的粉末。Ba^{2+} 毒性很强，但重晶石不溶于酸（胃酸），无毒。钡的简单化合物，如毒重石，易和其他阳离子组成复杂化合物，因此含钡的矿物种类繁多。此外，钡可微量置换钾长石中的钾，所以钾长石中也可产出钡。

钡能入口吗

硫酸钡的矿物形态——重晶石，被广泛运用在各种钡制品中。具有代表性的是造影剂，它可以吸收 X 射线，以增强影像观察效果。

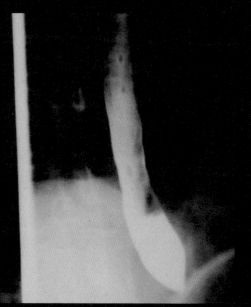

▲服用硫酸钡造影剂后拍摄的消化道光片

照片由Runder提供

金和钨

金属钨的密度大约是铁的 2.5 倍、铅的 1.7 倍，和纯金持平。1 立方米的金和钨都重 19 千克。比金密度更高的金属有钍、锇、铱、铂等，但金的价值并不低于它们。

钨比金便宜得多。将钨熔成金条状，再在其表面镀一层金，甚至可以假乱真。虽然二者重量相同，但纯金柔软得多，通过硬度就可以轻松辨别。

钨

原子序数：74　　　　　原子量：183.84

沸　　点：5555 ℃　　　熔　点：3414 ℃

密　　度：19.35 g/cm³

● 金属钨

◆ 熔点最高的金属

　　钨块是银白色的，在干燥的空气中性质相当稳定，和金的密度几乎相同。钨在北欧被称为"沉重的石头"。白钨矿、钨铁矿、钨酸锰矿是主要的钨矿石。

铋

英 文 名：Bismuth
元素符号：Bi

原子序数：83　　　　原子量：208.98

沸　　点：1564 ℃　　熔　点：271.4 ℃

密　　度：9.78 g/cm³

● 金属铋

🔷 铋的放射性同位素半衰期极长

　　铋 209 一直被视为稳定同位素。2003 年，科学家发现其半衰期长达 1900 万兆年，属于放射性同位素。铋在地壳中的含量略低于银。铋矿物种类多样，除了辉铋矿（硫化物）、辉碲铋矿（铋化物）之外，还包含许多氧化物矿物和碳酸盐矿物。铜矿物、铅矿物中包含的微量铋是人类主要的铋资源。

第 6 章

从石器到矿物学

人类和矿物的故事可以追溯到石器时期。随着文明的发展，人类对矿物的利用日益得心应手。矿物是财富和权威的象征，也是人类好奇心的重要载体。矿物对研究地球物质演化历史具有重要意义。

◆石器

　　人类和矿物的故事始于石器时代。在第四纪更新世，人类还处于旧石器时代，石器是人们使用的主要工具。

○磨制石器

　　距今大约 10 万年及更加遥远的旧石器时代被称为旧石器时代早期，非洲、欧洲、中东、亚洲等地均有相关考古遗迹发现。生活在距今 25 万～170 万年前的各大洲的直立人，如北京人、爪哇人、海德堡人都是这个时代的人类。此时的古人类已经学会如何使用火和石器。

　　经过旧石器时代中期的尼安德特人等人类的改良，距今约 3.5 万年前的旧石器时代晚期的智人发明了磨制石器。

●直立人复原图

图片由 Klimaundmensch.de 提供

●海德堡人复原模型

照片由 Jose Luis Martinez Alvarez 提供

●北京人复原图

图片由 Cicero Moraes 提供

磨制石器形状适当，坚硬耐用，还是磨制饰品的起源。当时，日本群岛也生活着许多智人，现代出土了不少石器。距今约 1 万年前的第四纪全新世，人类进入新石器时代，磨制石器盛极一时。

○黑曜岩石器

日本绳纹时代正好处于新旧石器时代更替之时。弥生时代出现了青铜器和铁器。石器多是用坚硬的岩石制造的，如黑曜岩、燧石、硅质页岩、玛瑙等。石器不光是工具，还是祭祀品。作为祭祀品的石器不需要硬度，所以也会用柔软的滑石制造。

黑曜岩是玻璃质的火山岩，坚硬且断口锐利，多用来制作箭头和匕首，是狩猎必不可少的重要石器。日本的优质黑曜岩产出地有长野县和田岭、北海道白泷等，黑曜岩石器在远离产地的地方也被发现过。

黑曜岩产地有限，常用的石器还是由常见且坚硬的石头制成的。燧石虽然不如黑曜岩坚硬，但作为硅质页岩，主要由石英组成，产地多且较常见，是石器的主要原材料。

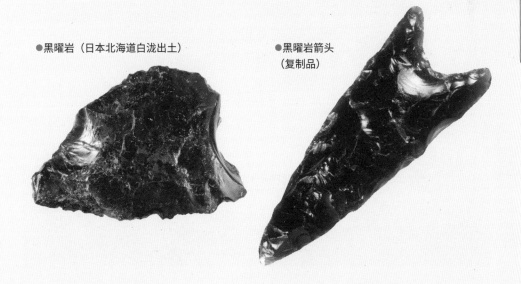

●黑曜岩（日本北海道白泷出土）

●黑曜岩箭头
（复制品）

○装饰及祭祀用翡翠

在距今约 7000 年前的绳纹时代，翡翠被制成了工具，后来多用于装饰和祭祀。绳纹时代中期，出现了被称为"大珠"的大型翡翠制品。

大珠多为鲣鱼干状或斧头状，在稍偏于翡翠中心处有圆孔。大珠后来发展成更小的圆柱和更朴素的勾玉。在绳纹时代晚期的日本群岛遗迹中，均出现了翡翠制品。

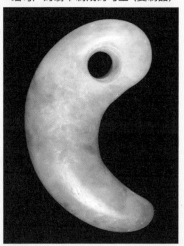

●缅甸产的翡翠制成的勾玉（复制品）

特别是日本中部和北部出土的翡翠制品较多，其中青森县三内丸山遗迹较为有名。当时，地球气温较高，日本东北地区较温暖，生活着许多人。

●日本青森县三内丸山遗迹

照片由663highland提供

从弥生时代到古坟时代，勾玉发展成如今的月牙状，还有些勾玉是模仿兽类和昆虫的形态设计的。在这个时期，地球变冷，翡翠制品的出土遗迹集中在日本西南地区。可能是当时日本东北地区相对寒冷，人类迁徙到靠近亚热带的温暖的西南地区。该时期丝鱼川市周边产的勾玉甚至在朝鲜三国时代（和古坟时代同时期）的遗迹中被大量发现。

●翡翠及其围岩中发现的矿物（绿色的为新矿物）

矿物名	化学组成	主要产地	母岩
丝鱼川石	$SrAl_2Si_2O_7(OH)_2 \cdot H_2O$	新潟县青海川	翡翠
莲华石	$Sr_4ZrTi_4Si_4O_{22}$	新潟县小泷川	翡翠
松原石	$Sr_4Ti_5Si_4O_{22}$	新潟县小泷川	翡翠
新潟石	$CaSrAl_3(Si_2O_7)(SiO_4)O(OH)$	新潟县青海海岸	异剥钙榴岩
钠锶长石	$SrNa_2Al_4Si_4O_{16}$	高知县高知市	异剥钙榴岩
青海石	$Sr_3(Ti,Fe)(Si_2O_6)_2(O,OH) \cdot 2\text{-}3H_2O$	新潟县青海川	钠长石
奴奈川石	$Sr_2Ba_2(Na,Fe)_2Ti_8Si_8O_{24}(O,OH)_2 \cdot H_2O$	新潟县青海川	钠长石
杆沸石	$Na(Sr,Ca)_2Al_5Si_5O_{20} \cdot 6H_2O$	新潟县姬川	翡翠
锶钛矿	$SrTiO_3$	新潟县青海海岸	翡翠
辉叶石	$Sr_2(Na,Fe,Mg,Al,Ti)_4Ti_2[(O,OH,F)_4|(Si_2O_7)_2]$	新潟县小滝川	翡翠
锶长石	$SrAl_2Si_2O_8$	高知县高知市	异剥钙榴岩
锶磷灰石	$Sr_5(PO_4)_3(OH,F)$	新潟县青海川	钠长石

○用来加工翡翠的矿物

翡翠是由坚硬、强韧的硬玉组成的，如何打孔、塑形、打磨是一个难题。首先需要使用强度高于翡翠的矿物，较为常见的有石英和石榴石。这两种矿物在堆积的河砂中即可寻到。

石英的晶体——水晶的形状就像天然的锥子一样，前端较为尖锐。用水晶锥前端顶住翡翠旋拧，即可在翡翠上留下圆形凹印，再将石英或石榴石的细砂装入凹印，一边浇水一边用细竹钻孔。随着凹印不断深入，最终完成打孔。至于打磨，也是加入石英或石榴石的细砂，用兽皮打磨。即便有石英和石榴石的帮助，古人制造勾玉仍然需要大量的时间。

◆铜和青铜器

人类最早利用的金属是铜。因为铜会以自然铜的形态产出，相对容易利用。此外，在铜矿床的近地表处，可以发现被氧化的铜（主要是赤铜矿）。

○青铜器和铁器

将赤铜矿和炭一起烧制，可以排出氧元素，得到金属铜。在自然铜资源枯竭的地区，常用这种方法来炼制铜。人们在距今 1 万年前的中东遗迹中发现了自然铜。

距今 7000 多年前，古埃及人已经将铜制成了器具、武器、装饰品。科学家在欧洲发现了距今 6000 年前的铜山和炼铜遗迹，在中国也发现了距今 4000 ～ 5000 年前的炼铜遗迹。

纯净的铜较为柔软，不适合制成器具和武器。人们在早期铜器中发现了少量的锡，但可能是铜中天然包含的。锡和铜的合金被称为青铜，青铜比铜更加坚硬。

青铜据说是距今 5000 ～ 6000 年占据美索不达米亚的苏美尔人发明的。美索不达米亚和埃及在 3500 年前铁器出现之前都处于青铜器文明时期。

●自然铜和赤铜矿（日本埼玉县长瀞町产）

欧洲和中国稍迟，在距今 2000 ～ 4000 年前才开始使用青铜器。据说在公元前 4 世纪，青铜器和铁器才同时传入日本。

铁器出现后，青铜器并没有没落，而是成为专门的祭祀礼器，铁器则作为器具和武器使用。甚至在 19 世纪初期的战争中还有青铜大炮的身影。

在现代，青铜依然是重要的饰品（铜像等）。严格来说，奥运会的铜牌也是青铜制的。

●美索不达米亚的苏美尔文明遗迹

○铜铸硬币

铜不仅能制成器具和武器，还能铸成硬币。古希腊时期，人们就开始使用铜铸硬币。日本最古老的硬币是奈良飞鸟池遗迹出土的富本钱。

历史学家认为，富本钱兴于公元 700 年左右。日本武藏国（今埼玉县）为了庆祝在秩父郡首次发现自然铜，改年号为和铜（公元 708 年）。富本钱比和同开弥钱历史更加悠久。

●富本钱

此后还出现过许多不同类型的铜钱，例如皇朝十二钱（奈良时代到平安时代铸造的 12 种铜钱，包括和同开弥钱）、宽永通宝（江户时代，包括铁钱）、天保通宝（江户时代）、大型二钱铜货、现代的 10 日元硬币（含有少量锌和锡，准确地说，是青铜制的）等。

●二钱铜货

●宽永通宝

◯从硫化铜中提取铜

硫化物（黄铜矿、辉铜矿、斑铜矿等）中的铜含量较高，是金属铜的主要来源。16 世纪，德国首先走上硫化物炼铜的道路。日本德川幕府大力奖励矿山开采，在 1700 年左右（元禄年间），日本的铜产量跻身世界前列，其中三分之二的铜用于出口，是非常重要的资源。在那个时期，日本主要的铜产地有尾去泽矿山、阿仁矿山、足尾矿山、别子矿山等。

从硫化物中提取铜，首先要燃烧硫化物，释放硫，产生氧化铜。然后将氧化铜和炭一起燃烧，产出金属铜。此时，炉中的金属铜表面覆盖着一层不含铜的杂质或一层含铜的中间产物。所以要将其取出，重新加炭燃烧，产出粗铜。想得到纯度更高的铜，需要更加精细的加工。

此外，铜矿中含有金、银，炼制铜的过程中也会使用炼制金、银的步骤。其中有名的是西洋的灰吹法（日语称"南蛮吹"），是一种将铜矿中的金、银溶于铅的提纯方法。"吹"指的是炼制和精炼的工序。炼制指的是从矿石中提取金属的作业，精炼指的是提高金属纯度的作业。这两种作业都需要大量燃料（炭）。

矿山和金属精炼厂附近的山体和河流污染情况都相当严重。矿道中需要木支架（防止坍塌），精炼厂还会排出有害的二氧化硫气体和污水。日本民众首次意识到这些危害是在 1890 年（明治 23 年），那年发生了著名的"足尾铜山矿毒事件"。

◆铁器

在距今 3500 年前，赫梯人用铁替代青铜制造武器，用铁制武器征服了美索不达米亚地区。

○从砂铁中提取铁

据说赫梯文明灭亡之后，制铁技术传遍世界。但也有学说称，中国在公元前 11 ～前 18 世纪就已经在使用铁器。

铁比青铜更加常见、更加坚固且易加工，适合制成武器和农具。铁对于世界历史的重要性不言而喻，对近代文明的建立也有重要意义。

自然界中的铁单质有铁陨石（陨铁）和自然铁两种，早期铁器都是用这两种矿物制成的。但由于产量有限，人们才想出了从随处可见的砂铁（主要由磁铁矿组成）中提取铁的方法。

●砂铁（日本福岛县久慈川水系产）

○制铁和铁矿山开发

除了砂铁外，人们还通过利用矿山中开采的氧化铁矿物（磁铁矿、赤铁矿、褐铁矿等）制铁。将氧化铁矿物打碎，和炭一同燃烧，氧和碳结合成二氧化碳并释放，留下金属铁。此时的铁呈松散的粒状，烧红后可以打造成铁块。

弥生时代，青铜和铁的精炼技术同时传入日本，在北九州、中国地方、近畿地方发现了 6 世纪的制铁遗迹。7 世纪左右，制铁技术传播到日本关东及东北地方。

幕府末期到明治时期，西方的反射炉传到日本，岩手县仙人矿山、釜石矿山等日本各地的铁矿山开发如火如荼。船舶、铁路、武器……铁的应用范围不断拓展，日本也成为制铁大国。

○日本的铁制品

日本最出名的传统铁制品当属日本刀。自古以来，日本岛根县出云地区盛产优质砂铁，用传统制铁法"吹踏鞴"制成的"玉钢"是锻造日本刀的理想材料。

●风箱

照片由BigSus提供

踏鞴指的是"脚踏的风箱"，是炼铁设备的一部分。吹踏鞴是通过风箱向炉中的炭输送氧气，炭燃烧，加热炉子，炭和砂铁在高温环境中发生反应，产生金属铁的炼铁方法。

日本刀是由特殊的钢（铁碳合金）锻造而成的。为了控制钢的含碳量，在日本刀的锻造过程中，会不断地锤打和淬火，让各个部位（刀身、刀背等）拥有合适的硬度和韧性。

●日本山口县大板山吹踏鞴炼铁遗迹

照片由TTmk2提供

圆柱锡石

一般来说，自形晶都是由平面堆叠而成，平面有大有小，但总体形态类似。

●类似卷纸一般紧密缠绕的结构

理论上来说，晶格堆叠的次数没有极限，组成的晶体可以是无限大。但实际上，有些矿物是有生长极限的，如多水高岭石。

多水高岭石的晶体结构是由铝和硅分别组成的两种平面层中间夹着一层水合层的层状结构。稳定的铝层和硅层的大小近乎相等。每一层都相当柔软，面积较小的层弯曲，会被面积大的层内包，形成弯曲堆叠的晶体。随着结晶的发育，最终形成类似卷纸一般紧密缠绕的晶体结构。

多水高岭石晶体的直径由层的曲率决定，最小直径为十几纳米，最大直径也仅为头发的千分之一。

●细长的银色圆筒状结晶

我们还能在圆柱锡石中看到类似的结构。圆柱锡石的结构可用肉眼观察，由铅、锡、铁、锑、硫组成，属于硫盐矿物。圆柱锡石拥有细长的银色圆筒状结晶，圆筒的断面就像紧密缠绕的卷纸。圆筒长 2～3 厘米，直径仅有数毫米，较大的晶体的直径可以达到 5 厘米左右。圆柱锡石的结合体就像一捆铅笔笔芯一样，极其特殊。

科学家还未完全解开圆柱锡石的晶体结构之谜，不过既然拥有卷纸一般的结构，可能是因为层弯曲而导致的。它们的产出地很少，除了玻利维亚的几处产地之外，仅剩叙利亚、乌克兰两处。其中，玻利维亚圣克鲁斯矿山产的标本最有名。

●圆柱锡石（1）

肉眼可见的圆筒状结晶

●圆柱锡石（2）

由铅、锡、铁、锑、硫
组成的硫盐矿物

◆金、银、铂

人类和金的故事起源于何时，目前众说纷纭，尚无定论。专家经考古发现，距今5000年前生活在美索不达米亚地区的苏美尔人已经开始使用金制饰品。

○用于装饰、祭祀、流通的黄金

据说在更久远的年代，埃及和东欧的特兰西瓦尼亚地区就出现了黄金的身影。金和其他金属不同，天然金（实际上是金银合金）的产出比例相当高。

除此之外，野外露头风化分离出的自然金，还会在雨水的搬运下堆积成砂金。所以，比起其他金属，金的获取相对容易，而且它质地柔软，不仅可以通过锤打将砂金颗粒合成大的金块，还便于塑形。不过，金不适合制成武器和农具，多用于装饰、祭祀和流通。

金制祭品和饰品中最有名的当属古埃及法老图坦卡蒙的黄金面具，大约制造于3300年前。

世界上最古老的金币是公元前8～前7世纪美索不达米亚地区吕底亚国发行的琥珀合金币。16世纪被西班牙灭亡的印加帝国也拥有大量的金制品。

●图坦卡蒙的黄金面具

照片由MykReeve提供

●琥珀合金币

黄金是极受人们重视的金属，人们对黄金的探求似乎永无止境，如 19 世纪中叶美国加利福尼州掀起的"淘金热"，19 世纪在南非发现大规模金矿等。但是，对黄金的争夺也会成为战争的导火索。

○日本铸币史

日本最古老的金制品是福冈县志贺岛出土的国宝汉委奴国王印。其名来源于中国《后汉书》中的内容："建武中元二年（公元 57 年），倭奴国奉贡朝贺，使人自称大夫，光武赐以印绶。"公元 57 年，日本处于弥生时代。古坟时代出土的陪葬品中也有黄金制品，但大多是从朝鲜半岛和中国来的。据记载，701 年陆奥和对马地区产出了黄金，可能为日本最早产出的黄金。

●中国东汉王朝的开国皇帝光武帝

还有记录显示，749 年，陆奥的国守向朝廷献上了 900 两黄金（1 两大概为 16.5 克，总共约 14.9 千克）。760 年的开基胜宝是日本最早的黄金铸币。日本战国时期的大名武田信玄下令铸造的甲州金也是著名的黄金铸币，甲州金后来成为日本古代货币体系的代称。

此外，日本的黄金铸币还有 1587 年丰臣秀吉铸造的天正通宝和永乐通宝（二者都有金币和银币两个版本）、1588 年的天正大判（世界上最大的黄金铸币，重约 165 克，江户时代的大判继承了这个重量）、安政年代的安政一分银，以及德川家康铸造的庆长小判、庆长大判、庆长一分金等。

●庆长小判

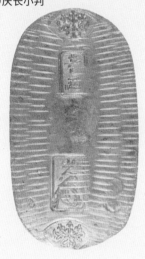

●安政一分银

○铜镀金

日本飞鸟时代、奈良时代、平安时代、镰仓时代的金大多用于佛像和佛具的制作。

不过，佛像的体积大，纯金材料不足，所以人们常使用铜镀金。将溶于水银的金涂抹在铜像上，水银在高温下蒸发，金就会留在铜的表面。这种方法被称为汞齐冶金，虽然操作简单，但有吸入汞蒸气的可能性，十分危险。

像这样将金镀在铜或青铜上的制品叫作金铜，多用在陪葬品和佛具上。其中，平安时代末期的奥州藤原一族的黄金文化十分有名。

日本中尊寺的金色堂，除了屋顶之外，所有地方都是用金箔装饰的，里面的佛像、佛具也多为黄金制品。马可·波罗甚至在《马可·波罗游记》中将日本称为"黄金之国"。

照片由Lotho2提供

日本在战国时代之后，从淘洗砂金发展成挖掘金矿，黄金产量突飞猛进。其中，江户时代的新潟县佐渡金山和鹿儿岛县山野金山较为有名。

○金银分离法

除了共生的金银之外，银的硫化物也十分常见。砂金中的银常常和金一起被利用。矿脉中产出的自然金也多少含银。

金银中的银含量可能高于金。银易溶于水，所以砂金中的金含量较高。砂金表面几乎是纯金，但内部仍是金银合金。

灰吹法是一种利用铅来分离金银和其他金属，或从金银中分离银的方法。该法需要使用灰制的或内部铺上一层灰的多孔熔炉。

首先，将熔化的铅和金银矿石粒放到一起，金银就会溶解到铅中。在此基础上，将铅放入熔炉中送气加热，铅转化为氧化铅，被灰烬吸收，炉中剩下的便是金银合金。然后将金银合金和硫黄一同加热，银转化为硫化银分离出来，得到金。上述灰吹法在公元前 2000 年的西亚便已经出现。

在位于日本奈良县明日香村的飞
鸟池遗迹也发现了类似的金银分离法。
区别在于飞鸟池遗迹用凝灰岩和土器
代替灰和灰制熔炉。二者效率不同，
但原理一致。灰吹法首次传入日本是
在1533年，岛根县石见银山首次使用。

之后，日本成为主要的产银国。
历史悠久的兵库县生野银山、秋田县
院内银山等地在明治时期之后也逐渐
发展起来。

●日本岛根县石见银山

照片由Yama 1099 提供

●日本岛根县石见银山精炼所遗址

照片由Yama 1099 提供

○人见人爱的装饰品——铂

　　在人类历史上，相比金和银，铂算是个新面孔。公元前 7 世纪的古埃及墓中曾发现过铂的服装配饰。

　　铂真正被人们熟知是在 1746 年，于哥伦比亚平托河旁发现了"平托河的小银"（西班牙语为 Platina de Pinto）。这便是铂的英文名 Platinum 的由来。

　　铂和之后发现的铂族金属（钯、锇、铱、钌、铑）化学性质相似，多和铂族金属组成合金或以砷化物、硫化物的形态出现。

● 1/10 盎司铂金币

小故事

金和银的价值对比

　　历史上的金、银的价值是波动的。截至 16 世纪前期，中国和日本的金银价格比大约为 1：4。

　　17 世纪之后，世界银产量急剧增加，价格暴跌，金银价格比达到 1：13。如今的金银价格比约为 1：74。日本江户时代的银价值相对较高，和世界市场相差甚远，因此日本幕府末期流出了大量黄金。

铂族金属熔点高，分离和加工困难，曾经难以利用。现在，铂族金属因具有超强的耐腐蚀性、优异的催化效应，常用于尾气净化和燃料电池（催化氢和氧反应）中。

铂的装饰品广受喜爱，但要注意，人造白金（金和其他金属的合金）并不是铂金，不要混淆。

贵金属饰品上一般会标记品质，纯度 90% 的铂金标记为 Pt900，纯铂金则为 Pt999（计算存在误差，一般不标记为 Pt1000）。纯金是 24K，18K 代表的是纯度 75% 的黄金。

小故事

米原器和千克原器

1879 年，法国制造的米原器是由 90% 的铂和 10% 的铱制成的标准器，该标准器作为表示 1 米距离的器具，一直用到 1960 年。如今，1 米的标准是根据光的波长制定的。

1889 年制造的千克原器同样是铂铱合金。有学者推崇使用物理常数来作为质量的基准，但尚未受到国际认可，所以人们依然在使用千克原器。

铂族金属多富集于超镁铁质岩或基性深成岩中。超镁铁质岩广泛分布的南非、俄罗斯、加拿大为铂族金属的主要产地。反观日本，北海道的小规模砂矿床到昭和时期初期便停止开采。不过在 1974 年，人们在北海道幌加内町雨龙川的砂白金粒里发现了自然钌。

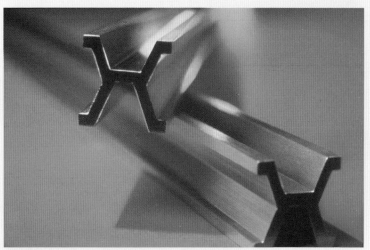

▲米原器

矿物的命名

新矿物的发现者有给矿物命名的权利，但并不是所有命名都能被认可。

● 王公贵族、军人、政治家

1959 年，国际矿物协会开始了国际性的新矿物审查工作。新矿物的名称认定也会在这项工作中完成。使用人名给矿物命名时，原则上只能使用和矿物学及相关学科的研究者或做出杰出贡献的人物的名字。当然，物理学、化学研究者或矿物的收藏家、挖掘家的名字也是被允许的。

例如，葡萄石（Prehnite）的名称是为了纪念荷兰矿物学家 Hendrik Von Prehn 上校。硅锌矿（Willemite）的名称是为了纪念尼德兰国王威廉一世（Willem Frederik），硅钛铈矿（Chevkinite）的名称是为了纪念俄罗斯的切夫金（K.V.Tschevkin）将军，脆银矿（Stephanite）的名称是为了纪念澳大利亚亲王史蒂芬（V.Stephan）。

● 尼德兰国王威廉一世

▲硅锌矿（日本栃木县野门矿山产）

▲在紫外线照射下发出绿色荧光的为硅锌矿

坦桑尼亚的伦盖火山喷出的碳酸岩十分
有名。科学家在碳酸岩中发现了尼碳钠钙石
（Nyerereite），它的名称是为了纪念坦桑尼亚
前总统尼雷尔（J.K.Nyerere）。尼雷尔总统被称
为"坦桑尼亚国父"，是一名伟大的政治家。虽然
他和矿物学没有关系，但尼碳钠钙石这一名称仍
然在 1963 年获得了矿物名审查制度的认可。

●前坦桑尼亚总统朱利叶斯·尼雷尔

　　1959 年之前，有些矿物名是以王公贵族、军
人和政治家的名字命名的。我们无法得知命名者的想法，但这样的名称在现代是得
不到承认的。

● "亚当"和"夏娃"

　　"亚当石"（Adamite）的名称是为了纪念历史人物亚当（G.J.Adam）。1968 年，
名为"夏娃"（Eve）的矿物被发现了。"夏娃石"是"亚当石"中的锌置换成锰而产生的
新矿物。与"亚当石"相比，"夏娃石"的晶胞体积较大。

●极具争议的矿物名

　　1993 年，出现了一个极具争议的
矿物名——Mozartite，直译为"莫扎特
石"[$CaMn(OH)SiO_4$]。莫扎特石被发现
的时候，正好是莫扎特逝世 200 周年
的时候。

●莫扎特

　　莫扎特曾加入英国早期的石匠工
会。过去，英国的石匠属于精英团体。
于是，在莫扎特逝世 200 周年之际，"莫扎特石"这个极具争议的矿物名称诞生了。

175

◆矿物学的起源

对矿物和宝石进行学术性研究的著作最早可以追溯到公元前 4 世纪的古希腊时期。

○矿物学的发展

古罗马作家盖乌斯·普林尼·塞孔都斯著有《自然史》37 卷（公元 77 年完稿）。13 世纪，哲学家艾尔伯图斯·麦格努斯的著作《论矿物》总结了矿物和宝石的性质和效能，当时被认为是具有科学性的。

进入 16 世纪，格奥尔格乌斯·阿格里科拉的著作《论冶金》（1556 年出版）中有地质和采矿技术的说明，还根据矿物的外在性质进行了矿物分类。16 世纪的欧洲，炼金术盛行一时，炼金术和之后自然科学的发展有着密不可分的关系。矿物学和物理学、化学相互关联，共同发展。17 世纪末，人类已知的元素仅有 13 种（碳、磷、硫、铁、铜、锌、砷、银、锡、锑、金、汞、铅），之后通过矿物分析，发现了越来越多的新元素。

18 世纪，人们发现了 19 种新元素（钴、镍、铋、氢、氧、锰、钼、钨、钛、锶、铬、铍等），19 世纪发现了 50 种新元素（钠、钾、硼、镁、钙、钡、锂、铝、钒、大部分稀土元素、大部分稀有气体等）。1869 年，门捷列夫发表了元素周期表，并据此预测了一些未发现的元素及其性质。

●盖乌斯·普林尼·塞孔都斯

●艾尔伯图斯·麦格努斯

●格奥尔格乌斯·阿格里科拉

晶体形态的预测和证明

晶体形态方面有名的研究成果有 1669 年尼古拉斯·斯丹诺提出的面角守恒定律。此外，1801 年勒内·朱斯特·阿维预测了晶胞结构的存在，并推导出有理指数定律。摩氏硬度发表于 1812 年，后来有修改——硬度 2 岩盐改成了石膏。

在 1895 年，威廉·康拉德·伦琴发现 X 射线。1912 年，马克思·冯·劳厄发现结晶在 X 射线照射下会发生衍射现象。1913 年，布拉格父子（亨利·布拉格和劳伦斯·布拉格）提出布拉格定律，并通过 X 射线衍射确定了晶体的原子排列，证明了面角守恒定律和有理指数定律的正确性。

●尼古拉斯·斯丹诺

●勒内·朱斯特·阿维

●威廉·康拉德·伦琴

●马克思·冯·劳厄

●亨利·布拉格

●劳伦斯·布拉格

○矿物分类的先驱者

1774 年，普鲁士的维尔纳基于矿物的物理性质进行过早期的分类尝试。1817年，出现了基于矿物化学性质分类的学说，其中具有代表性的著作有 1837 年出版的《矿物学系统》（詹姆斯·丹纳著）。丹纳的分类方案之后在其子爱德华·丹纳和其他作者的努力下，于 1997 年更新到第 8 版。1970 年，斯特伦茨编写的《矿物学备表》出版，其中基于晶体化学性质进行了矿物分类。2001 年，斯特伦茨和尼克尔合编的《矿物学表》第 9 版出版。

丹纳和斯特伦茨对矿物分类的看法不同，比如石英，丹纳认为石英属于硅酸盐，而斯特伦茨认为石英属于氧化物，在实际研究中，二者都说得通。

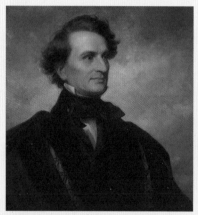 

●美国地质学家、矿物学家詹姆斯·丹纳　　●美国地质学家、矿物学家爱德华·丹纳

○陆续登场的新矿物

早在炼金术盛行的时代，人们就开始研究矿物的化学成分了。人们首先使用药品将矿物溶解，然后沉淀溶解形成的化合物，最后测量化合物的质量。

这样的方法缺点明显，不仅需要大量纯净的研究样本，而且溶解会消耗样本，无法进行多次分析。1950 年起，科学家开始使用阴极射线进行化学成分分析。照射阴极射线，根据矿物衍射出的 X 射线，测定元素的种类和量。

科学家通过调整磁场，可以控制阴极射线波长，照射矿物的微细部分，实现微观分析。此外，阴极射线不会损耗样本，可以重复进行研究和分析。而且，使用阴极射线分析时，即便样本中掺杂着复数的矿物，也无须分离，可以直接进行研究。

用于阴极射线分析的科学仪器叫作电子探针显微分析仪（EPMA），也叫电子探针 X 射线显微分析仪。1970 年起，世界各个大学和研究所开始陆续引进电子探针显微分析仪，之后不断有肉眼难以辨别的细微的新矿物被发现并得到认证。

后来，科学家将激光用于研究。激光不仅可以测定元素的种类和量，还可以分析元素的质量数（质子和中子的和），甚至可以分析锂、铍这类较轻的元素。

1958 年，世界各国的矿物学学会联合起来，设立了国际矿物学协会（IMA）。协会规定 4 年举行一次大会，发表最新研究成果和分析方法。

1959 年，国际矿物学协会新矿物及矿物命名委员会开始操持新矿物审查工作。委员会会审查申请者提供的资料数据，通过投票认定或否认新矿物。

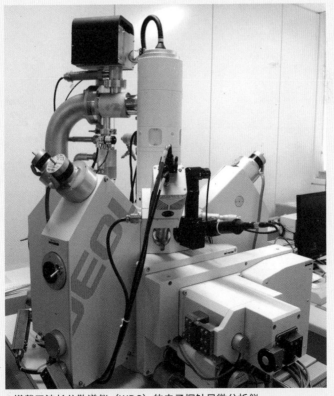

●搭载了波长分散谱仪（WDS）的电子探针显微分析仪

《日本矿物志》第3版下卷和第4版

日本现代矿物学始于明治时代。那时，开成学校教师兼矿山工程师德国人卡尔·申克将矿物学带到了日本。

●日本人对矿物的热爱

1873 年，和田维四郎在开成学校跟随卡尔·申克学习矿物学。1875 年，和田维四郎成为助教，拓展了日本矿物学领域，广育英才。

在此之前，日本人对矿物（奇石）也有着独特的热爱。1724 年，木内石亭出生于近江国，他自幼爱石，成年后来往各地，收集奇石，交流爱好，足迹遍布关东、东海、北陆、近畿地方。1773 年，木内石亭编写的《云根志》前篇出版，书中记载了其藏石的产地、外形以及他在各地的见闻等。1779 年，《云根志》后篇出版。1801 年，他进一步补充和扩充内容，出版了第三篇。书中有"五岳之云触石出者，云之根也"这样的描述，云根就是山石的别称。

《云根志》中通过用途、形状等 9 个特征对石头进行说明。其中有许多异想天

●《云根志》前篇封面

●《云根志》前篇关于玉髓的记载

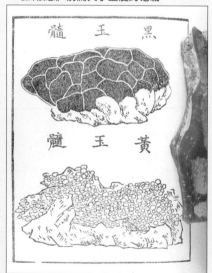

开的叙述，但木内对奇石的描述着实形象、具体，现代人看来也十分有趣。矿物学就脱胎于这样的奇石趣闻中。

江户时代人们对石头的关注主要在医药方面。中国明代的李时珍编著的《本草纲目》被许多日本人改编。例如，小野兰山的徒弟将其讲学内容总结出版成《本草纲目启蒙》，贝原益轩编著了《大和本草》等。

本草指的是有药用价值的植物、动物和石头，《本草纲目》是本草学中教科书般的存在。《本草纲目》中出现的石头，有无药用价值十分重要。如果没有药用价值，会被标注"不入药用"。

●李时珍

●小野兰山

●日本现存矿物 1390 种

在近代，记载日本矿物的著作有 1878 年和田维四郎编写的《本邦金石略志》，上面记载了不足 100 种矿物。1904 年出版的《日本矿物志》初版中记载了 175 种矿物，1907 年出版的《本邦矿物标本》记录了日本矿物的主要产地、产状、特性。

●贝原益轩

●和田维四郎

1916 年，神保小虎著的《日本矿物志》第 2 版中记载了 215 种矿物。伊藤贞市和樱井钦一合编的《日本矿物志》第 3 版上卷于 1947 年出版，上面记载了 300 余种矿物。此后，在日本发现的矿物数量急剧上升。20 世纪 70 年代，第 4 版原稿送到樱井钦一手里的时候，由于种类和产地增加，文字量已经不是一本书可以承载的了。

随着矿物的发掘和开采，日本的矿物（包括其产地和产状）已经无法像过去一样使用纸张进行详细记录。如今，日本发现的矿物数量达到 1390 种，并且还在不断增长。

小故事

超微细矿物的发现历程

近年来，人们从陨石和宇宙尘埃中不断发现新种超微细矿物。1969 年，科学家从阿波罗 11 号自月球带回来的岩石样本中，发现了名为 Armalcolite（镁铁钛矿）的新矿物。2010 年，隼鸟号探测器将从 25143 岩丝川小行星采集的样本带回地球。

2020 年 12 月，隼鸟 2 号从龙宫小行星上成功采集样本并返回地球。通过分析小行星样本上矿物含有的氢和碳的化合物，有助于解开地球上水以及生命原材料——有机物的起源之谜。

▼隼鸟号模型（于第 61 届国际宇航大会展出）

照片由 Pavel Hrdička 提供

第 **7** 章

享受矿物带来的乐趣

　　我们平日所见的石头就是矿物的集合体，但能称得上标本的矿物并非随处可见。矿物标本的采集需要一定的考察和准备工作。在收集的矿物上贴上标签，好好收藏，可作标本之用。

◆矿物采集的基础

采集矿物需要细致的准备工作。此外，采集方法和标本的保存也有不少注意事项。

○采集的准备

▼采集矿物的基本装备

护目镜
塑料制护目镜
即可

帽子
根据情况可更换成头盔

背包
轻便结实的
更佳

数码相机
必需用品，附带 GPS
功能的更佳

地质锤
采集专用的
锤子

手套
推荐使用
皮手套

长袖衬衫
安全第一，即便是夏天
也最好穿长袖衬衫

马甲
轻便且口袋多的更佳

地图
推荐专业机构
绘制的地图

笔记本
用于记录

长裤
耐磨且弹性好的更佳

其余推荐用品
放大镜、凿子、淘金盘、
腰包、磁铁、自封袋、
旧报纸

靴子
防水、防滑、靴筒高的更佳

●服装

采集矿物时穿的服装，没有特别的讲究，织物覆盖度高即可。在地面状况较差或易打滑的场所采集时，推荐穿鞋底坚硬、靴筒较高的登山靴、橡胶靴等。

在采集过程中，为了防止被石片划伤，请务必戴布手套或皮手套。使用地质锤敲打岩石时，石片会飞溅，因此需要佩戴护目镜。此外，在悬崖边或大斜坡采集时，需要佩戴安全头盔，保护头部。

●采集矿物的必备工具

根据想采集的矿物及目的地不同，需要准备的工具也不同，但地质锤、护目镜、放大镜、报纸、自封袋、地图、照相机等工具是必备的。

地质锤： 质量为 600 ~ 800 克。一端是锤子，另一端是楔子。敲打石块时用锤子。楔子主要用来挖土、剥离岩层和修整岩石。不可用楔子用力敲击岩石。当需要敲开大块的岩石时，需要佩戴护目镜，同时使用 1.2 ~ 2.2 千克的石工锤和八角锤敲击。

凿子： 凿子分为两种，一种是前端尖锐的尖凿，一种是扁平的平凿。尖凿用来打眼，平凿用来破开岩石。

▼地质锤

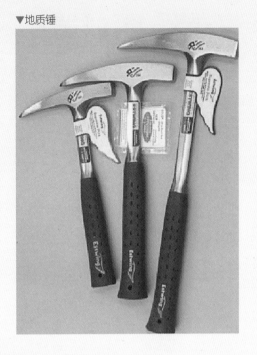

▼凿子

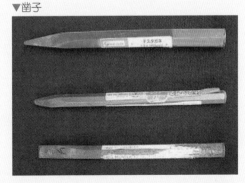

放大镜：放大倍率为 10 倍左右，可折叠的更佳。可以穿条绳子挂在脖子上，方便使用，还不会弄丢。还可以在绳子上串上小型磁铁，方便确定矿物有无磁性。

▼放大镜

筛子：筛子可用来筛选沙土中埋藏的小型矿物。采集砂金这样相对密度较大的矿物时，会使用淘金盘。淘金盘可用碗底较深的碗来替代。

▼筛子

地图：专业机构绘制的地图，比例尺在 1 ∶ 25 000 或 1 ∶ 50 000 左右的最佳。此外，通过带 GPS 功能的照相机和智能手机也可以确认当前所在位置，记录矿物产地位置，十分便利。

▼矿物采集，安全第一

○采集方法

●采集地点

只要是有岩石露出的地方，都可以采集矿物标本。但如果想采集特定标本，除了对应的矿山和采石场以外，有过产出记录的河岸、海岸、山地等也是理想的采集地点。

在网上和书店可以买到记录矿物产出地点的手册，可以通过这些手册来确定目的地。在矿山的废石场采集时，不要着急挖掘，沿着斜坡从下往上仔细观察地面，确定目标后再开始行动。

●雨后更佳

雨水会冲刷掉地表的泥土，更利于寻找细小的矿物晶体，所以推荐在雨后进行采集。仔细观察废石场中矿物的分布，先弄清楚矿物集中在哪些区域，挖掘工作就会更加容易。

●一击裂石

岩石怎么敲也敲不开的情况十分常见，尽量要做到一击裂石。如果不行，要尽量避免从不同方向反复敲击。敲打要集中在一处，防止标本外形受损。

●水晶（日本岐阜县中津川市产）

●晶体易裂折

运送性脆、易碎的矿物时，要使用报纸或面巾纸进行包裹。即使是水晶这样较坚硬的矿物，顶端也极其容易裂开，一定要小心。

无法包裹的针状、毛发状矿物，可以准备好纸箱或塑料容器打包。为了防止晶体接触容器壁，可以在母岩上压一层报纸，起到固定的作用。

●记录基本信息

小型矿物只要用自封袋即可收纳。此外，为了防止遗忘，可以在标本袋或包裹标本的报纸上记录采集地点和采集时间（如在 2022 年 1 月 1 日于甲地采集的样本上标注"220101 甲"）。

●遵守规则

采集矿物时要遵守规则，例如在需要许可的地点采集时提前联系负责人、不在国家公园进行采集、不私自采集天然纪念物、不乱扔垃圾、自觉填补孔洞、不伤害树根、不在植树区和施工地区进行采集等。

矿物采集者必须用心遵守这些规则。

●多余的标本不要丢掉

岩石和矿物一经采集便不会再生，考虑到后来的采集者，我们在采集标本时应该控制在最低限度内。不要一网打尽，也不要破坏野外露头。多余的标本不要丢掉，用来交换其他标本也是个不错的选择。

此外，那些不需要的石头需要按照地方规定进行处理，千万不要随意丢弃，以防给其他采集者和研究人员造成不必要的麻烦。

▼矿物采集时的规则

○整理标本

●清洗标本

为了防止遗忘，将矿物带回去后要尽快将其制成标本。可以用手指遮住水龙头出水口或加装喷头来冲刷矿物上的泥土。

如果矿物上没有尖锐的结晶，用牙刷或刷子刷洗也是可以的。像青苔这样顽固的污垢，可以用氧漂白剂或氯漂白剂清洗，铁锈可以用盐酸或草酸去除。使用药剂清洗时，要事先确认药剂是否会和矿物反应，防止损害标本。

像丝光沸石这样的毛发状或针状的矿物遇水会变形，基本上不能清洗。在采集时要尽量避免其受到土砂污染，保存时避尘密封。

●修整标本

可以用小锤子和小凿子修整母岩多余的部分，修整时，单手固定石头，另一手持锤，从边角敲掉多余部分，方便开凿。

●防止标本分解变质

清洗完毕，可以将标本放在箱子中保存，底部不要忘记放上记录信息的标签。也可以将标签和标本一起放进自封袋中保存。切记标签和标本一定要放在一起。即使不清楚矿物名称，标签上至少也要写上采集地点。矿物虽然不会腐烂，但要防止其分解和变质。

蓝铁矿和雄黄见光分解，需要在黑暗的环境中保存。此外，萤石、紫水晶、蛋白石、锰矿物长时间暴露在阳光下会褪色，保存时需要避免阳光直射。

黄铁矿、白铁矿等硫化物矿物，暴露在大气中会分解，产生硫酸，硫酸有腐蚀标签和标本箱的危险。在这种情况下，标签和标本需要分开管理，标签可以放进自封袋中保存。岩盐、胆矾这类水溶性的矿物则需要避免受潮。

●标本的数据化管理

一般来说，人们会根据矿物分类进行标本收藏，但也有人喜欢根据获取年份、出产地的顺序或字母表顺序收藏。

除了标签之外，还可以制作电子表格，记录矿物的信息。这样做的好处是不需要考虑矿物的收藏顺序，便于管理。

樱井矿物标本

樱井钦一1912年出生于日本东京神田，小学时期便喜欢上了矿物，拥有许多矿物收藏品。

●《日本矿物志》第3版上卷的出版

樱井钦一自中学时期起，就接受了矿物收藏家长岛乙吉、若林弥一郎以及矿物学专家兼东京帝国大学教授伊藤贞市博士的指导。中学毕业后，接受福地信世委员长的指导，活跃于日本矿物志编纂委员会。

1947年，樱井钦一和伊藤贞市合编的《日本矿物志》第3版上卷出版。1955年，他发现了汤河原沸石，获得东京大学授予的理学博士学位。1964年，他获得紫绶褒章，以表彰他对矿物学做出的贡献。

●樱井钦一捐赠的标本

樱井家经营着一家位于东京神田须田町的老字号鸡肉料理店。樱井钦一在店铺空闲时，常抽空采集、研究矿物和贝类。

樱井标本中还包含贝类标本，特指矿物时则称为樱井矿物标本。樱井钦一会将采集的标本按照顺序陈列在特制的坚固木架上，或附上标签，装进箱子里，盖上玻璃盖子。

樱井钦一曾任职于东京科学博物馆（现日本国立科学博物馆）和横滨国立大学，

● 1930年的东京科学博物馆

所以本来打算将标本捐赠给日本国立科学博物馆和神奈川县立博物馆（现神奈川县立生命之星地球博物馆）。

遗憾的是，樱井钦一1993年去世了，本来打算赠予日本国立科学博物馆的标本还未整理完毕。虽说大部分已经由樱井钦一本人整理了，但为了实现数据化，博物馆工作人员需要更改部分标本的产地名。

在平成市町村大合并之后，许多原有地名被更改了。如今，关于标本上写的旧产地名究竟指的是哪里的确认工作还在进行中。此外，一些矿物标本还需要进一步的分析确认，才能得知其种类。

已经整理完毕的标本被编写在《樱井矿物标本目录》I（2001年）、II（2003年）中，2008年III的出版意味着整理工作的完成。樱井矿物标本总数为16161件。

● **珍贵的工业史资料**

日本产的矿物标本中有许多来自大正年代与昭和年代的矿山。它们不光可以用来研究矿物学，还可以作为研究工业史的珍贵资料。

出于篇幅考虑，这里只展示部分樱井矿物标本。下图中是日本国立科学博物馆日本馆3楼展览的樱井矿物标本。

● 部分樱井矿物标本（日本国立科学博物馆日本馆展览中）

◆收集、收藏矿物的乐趣

不仅是科研和工业生产，还有许多方式可以让我们享受矿物带来的乐趣。收藏矿物是其中最普遍的方法。极其稀有的矿物自不必提，每年还有数十种新矿物被发现，也是收藏的大热门。收藏矿物没有什么规则，按照自己喜欢的方法，收集喜欢的矿物，享受矿物带来的乐趣即可。

○重视量的收集法

首先推荐的是重视矿物种数量的收集法。这种收集法的终极目标就是集齐所有的矿物种，这可绝非易事。截至 2021 年，国际矿物学协会承认的矿物总数约为 5700 种。这个数字在动植物种类面前不值一提，但其中有一些矿物，仅出现过一次，之后就再也没发现过新的标本。也有一些矿物，产地稀少，或已经停产。对于这类矿物，要么等它流入市场，要么等待新产地出现，除此之外，别无他法。

此外，随着分析技术的进步，越来越多的新矿物陆续进入人们的视野，近年来更是以年均 100 种的速度不断出现。但其中要么是肉眼观察不到的微细矿物，要么是和已知矿物种极其相似，需要通过仪器才能辨别的矿物，收集难度也相当大。

想收集这一类矿物，只能依赖专家，专家鉴定后会贴上标签。但是，如果自己分辨不出来，就无法享受其乐趣。

○追寻矿物之美

我们也可以只收集有观赏价值的矿物。晶体的光泽、形状、颜色等特性构成了矿物的美，可以说外表的美是矿物最大的魅力。晶形、种类、集合状态都不成问题，外表好看就足够了。这样的收集法，并不是对矿物本身有兴趣，而是将矿物视作装饰品的做法。用收集来的矿物点缀房间、打扮自己，是一种相当华丽的享受矿物的方法。但是，又大又好看的矿物标本产出极少，价格高昂，对收集者的财力是一种考验。想通过采集获取的话，过度重视外表可能会破坏产地，或损害那些不起眼但珍贵的共生矿物。要知道，那些极其美丽的矿物标本，是大自然的馈赠。想要更好地享受矿物带来的乐趣，还是推荐将目光投向那些朴素的、尺寸较小的矿物。

●玛瑙（墨西哥产）

○收集晶面完整的矿物

有些人热衷于收集晶面完整的晶体。欣赏由晶面构成的规则形状，也是一大乐趣。

自然界中那些完美到仿佛经过加工的晶体十分美丽。但这样的晶体产出稀少，入手困难。所以更加推荐收集小型晶体，利用放大镜和实体显微镜欣赏。这样的收集法推荐按照晶系分类进行整理。

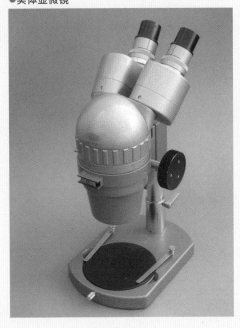
●实体显微镜

○收集稀有的矿物

有不少稀有的矿物，产出时又小又朴素，有时就连收藏者本人都注意不到其珍贵性。

这样的矿物，如果能入手原产地（矿物最先被发现的产地）产出的最好不过。但如果出现更加完整的标本，或其他产地也有产出的话，一起收藏最好。

○收藏同种类矿物

我们还可以选择收藏某一类矿物及其变种，例如所有的石英、所有的方解石、所有的锰矿等。这看似简单，实则困难。颜色、形状（晶形和集合状态）变化万千，想要全部入手，得下大功夫。同种类的动植物，体型和外观都差不了多少，但矿物不同，晶体形态、集合形态、颜色、共生体等都是变量，它们的多样性无穷无尽。即便只想集齐同种类的矿物，过程也是艰难的，但这也是矿物收藏的魅力之一。

○以地域为单位进行矿物收集

以地域为单位进行矿物收集也是个不错的方法。集中精力，以国家、地域（省、市、县）、产地（矿山）为单位进行矿物收集。日本的矿物收集者多喜欢收集日本产的矿物，对海外的矿物则没什么兴趣。

这种时候，推荐将收集来的矿物按照种类进行整理。凭借地利，细致调查所在地的矿山，收集该地区的矿物，制作只属于自己的矿物收藏。说不定，你收藏的矿物中会出现具有学术价值的珍贵标本。

○将矿物当作护身符

有些人相信将某些矿物放在身边可以给自己带来好运，他们将这类矿物称为能量石。虽然没有科学的根据，但只要本人相信矿物能给人带来好运、活力，何乐而不为呢？

●能量石

除了深入自然，亲自采集矿物，以及在博物馆或展览上欣赏矿物标本之外，以矿物为乐的方法还有很多，比如通过交换标本结识同好，或花钱扩充藏品等。

○收藏猫矿标本

在国外十分流行收藏猫矿。猫矿是指 1 ～ 2 厘米左右的标本，一般用黏土固定在塑料标本盒中。

猫矿体积小，毫米级的猫矿通常用黏土或胶水固定在回形针上，需要用放大镜或显微镜才能观察到。晶体较大的矿物种也可以被制成猫矿进行收藏。

有些人认为，晶体越大，价值越高，收藏猫矿在他们看来是不能理解的。但是矿物不论晶体大小，晶形都差不多，猫矿也同样美丽。

具备无暇、晶形完整、光泽明亮、颜色鲜艳且母岩连接位置恰到好处等条件的大型标本本身就极其稀有。猫矿的产量较高，加上竞争对手少，收藏者可以放心筛选，直到找到自己心仪的标本。虽然需要用放大镜和显微镜观赏，但其美丽程度比起大型标本毫不逊色，还能为你打开微观世界的大门。

如果你喜欢摄影的话，更推荐收藏猫矿。照片中猫矿标准尺寸的概念模糊，比起大而多瑕的标本来说，小型标本的选项更多，仔细挑选总能找到适合拍摄的佳品。此外，猫矿收藏也不需要拘泥于产地，这也是其一大优点。

●猫矿标本

小知识

日本人对翡翠的误解

翡翠是中国人和日本人极其喜爱的宝石之一。1969 年，日本国立学科博物馆获赠一颗珍品翡翠，名为"青椒"。日本当时流行的学说是这颗翡翠和秦始皇有关。

●日本的翡翠来源于中国吗

秦始皇于公元前 221 年完成了统一中国的伟业。但史料中并没有这一时期的中国出现过翡翠的记录。而在日本绳纹时代早期和中期交替时（约 5000 年前）到古坟时代的遗迹中，发现了大量翡翠制品（大珠、勾玉、项链等）。学者普遍认为这些翡翠来源于中国，这一学说一直流行到昭和年代初期。这样说是有原因的。

首先，奈良时代初期，日本的翡翠文化完全消失，目前还是个未解之谜。其次，在明治时期，清朝的翡翠流入了日本。

●秦始皇

当时的日本人并不知道这些翡翠产自缅甸，单纯地认为这些都是中国产的。此外，当时的日本还没有发现翡翠的产地。

●再次确认翡翠的产地

日本东北大学理学部岩石矿物矿床学教室的河野义礼在研究新潟县丝鱼川市的绿色石头时，发现该绿石为翡翠。不久后，他还在小泷川发现了许多翡翠岩块。

1939 年（昭和 14 年），岩石矿物矿床学学会的出版物发表了日本的翡翠产地。经过 1300 年的时间，日本终于重新发现了翡翠的产地。

在此之后，在丝鱼川市周边还出土了翡翠加工的遗址，确定了绳纹时代的翡翠为日本产翡翠的事实。

●翡翠是中国产的吗

中国清朝的乾隆皇帝多次下令将缅甸产的翡翠制成工艺品。

现在，中国北京故宫博物院和中国台北故宫博物院还保存着许多那个时期的翡翠珍品，如翡翠"白菜"等。乾隆在位时期正好是日本江户时代中期，翡翠在这个时期进入日本，便理所当然地被当作是中国产的。

而"翡翠是中国产的"这一误解，直到2004年仍然存在，许多宝石商人认为翡翠就是中国产的。其实，翡翠"青椒"很可能是缅甸产的翡翠，而并非秦朝流传下来的。

●乾隆皇帝

●翡翠"白菜"

●中国台北故宫博物院

照片由Peellden提供

●翡翠"青椒"

197

后记

本书中介绍的矿物数量有限，可能无法满足许多读者的需求。近年出版了许多类似的书籍，大家也可以配合本图鉴一起阅读，这样不仅会加深对矿物的理解，还能增添趣味性。

以下为写作时参考的主要书籍：

《鉱物と宝石の魅力》松原聡、宮胁律郎著 SB クリエイティブ（2007）；

《世界の鉱物 50》松原聡、宮胁律郎著 SB クリエイティブ（2013）；

《日本産鉱物種（第 7 版）》松原聡著 鉱物情報（2018）；

《探検！日本の鉱物》寺岛靖夫著 ポプラ社（2014）；

《鉱物図鑑》松原聡著 ベスト新書（2014）；

《必携鉱物鑑定図鑑》藤原卓编著 白川書院（2016）；

《鉱物ハンティングガイド》松原聡著 丸善出版（2014）；

《絵でわかる 日本列岛の诞生》堤之恭著 講談社（2014）；

《鉱物・宝石の科学事典》日本鉱物科学会、宝石学会（日本）朝倉書店（2019）；

《Dana's New Mineralogy》Gaines 等著 John Wiley & Sons,Inc.（1997）；

《Strunz Mineralogical Tables》Strunz、Nickel 著 E.Schweizerbart'sche Verlagsbuchhandlung（2001）；

《Handbook of Mineralogy.Vol.I—V》Anthony 等著 Mineral Data Publishing（1990—2003）。

最后，对为我们提供宝石照片的中央宝石研究所股份有限公司的北胁裕士博士、提供拍摄用标本的川崎雅之以及德本明子表示深深的感谢。此外，拍摄用标本中还使用了日本国立科学博物馆收藏的矿物标本（包括樱井标本）等。

作者

2021 年 9 月

元素周期表

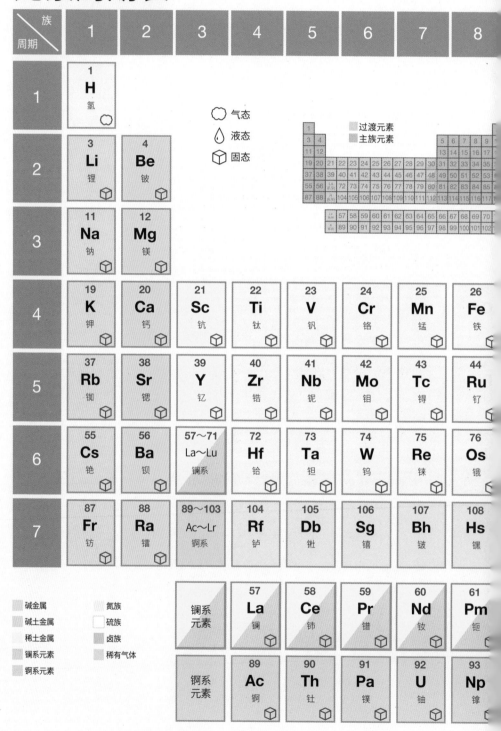

周期＼族	1	2	3	4	5	6	7	8
1	1 H 氢							
2	3 Li 锂	4 Be 铍						
3	11 Na 钠	12 Mg 镁						
4	19 K 钾	20 Ca 钙	21 Sc 钪	22 Ti 钛	23 V 钒	24 Cr 铬	25 Mn 锰	26 Fe 铁
5	37 Rb 铷	38 Sr 锶	39 Y 钇	40 Zr 锆	41 Nb 铌	42 Mo 钼	43 Tc 锝	44 Ru 钌
6	55 Cs 铯	56 Ba 钡	57～71 La～Lu 镧系	72 Hf 铪	73 Ta 钽	74 W 钨	75 Re 铼	76 Os 锇
7	87 Fr 钫	88 Ra 镭	89～103 Ac～Lr 锕系	104 Rf 铲	105 Db 𨧀	106 Sg 𨭎	107 Bh 𨨏	108 Hs 𨭆

镧系元素	57 La 镧	58 Ce 铈	59 Pr 镨	60 Nd 钕	61 Pm 钷
锕系元素	89 Ac 锕	90 Th 钍	91 Pa 镤	92 U 铀	93 Np 镎

气态 · 液态 · 固态

过渡元素　主族元素

碱金属　碱土金属　稀土金属　镧系元素　锕系元素　氮族　硫族　卤族　稀有气体

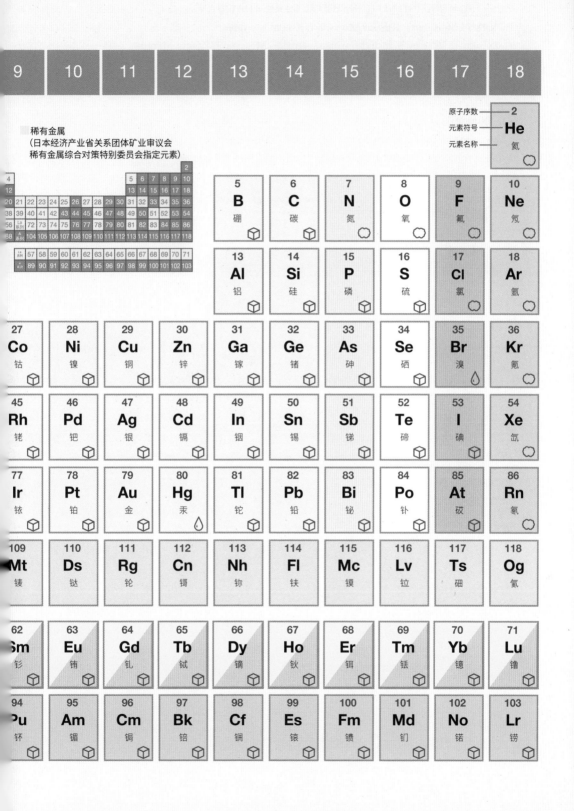

| 9 | 10 | 11 | 12 | 13 | 14 | 15 | 16 | 17 | 18 |

原子序数 —— 2
元素符号 —— He
元素名称 —— 氦

■ 稀有金属
（日本经济产业省关系团体矿业审议会
稀有金属综合对策特别委员会指定元素）

| 5 B 硼 | 6 C 碳 | 7 N 氮 | 8 O 氧 | 9 F 氟 | 10 Ne 氖 |
| 13 Al 铝 | 14 Si 硅 | 15 P 磷 | 16 S 硫 | 17 Cl 氯 | 18 Ar 氩 |

27 Co 钴	28 Ni 镍	29 Cu 铜	30 Zn 锌	31 Ga 镓	32 Ge 锗	33 As 砷	34 Se 硒	35 Br 溴	36 Kr 氪
45 Rh 铑	46 Pd 钯	47 Ag 银	48 Cd 镉	49 In 铟	50 Sn 锡	51 Sb 锑	52 Te 碲	53 I 碘	54 Xe 氙
77 Ir 铱	78 Pt 铂	79 Au 金	80 Hg 汞	81 Tl 铊	82 Pb 铅	83 Bi 铋	84 Po 钋	85 At 砹	86 Rn 氡
109 Mt 镓	110 Ds 鐽	111 Rg 錀	112 Cn 鎶	113 Nh 鉨	114 Fl 铁	115 Mc 镆	116 Lv 鉝	117 Ts 础	118 Og 氭

| 62 Sm 钐 | 63 Eu 铕 | 64 Gd 钆 | 65 Tb 铽 | 66 Dy 镝 | 67 Ho 钬 | 68 Er 铒 | 69 Tm 铥 | 70 Yb 镱 | 71 Lu 镥 |
| 94 Pu 钚 | 95 Am 镅 | 96 Cm 锔 | 97 Bk 锫 | 98 Cf 锎 | 99 Es 锿 | 100 Fm 镄 | 101 Md 钔 | 102 No 锘 | 103 Lr 铹 |

ZUSETSU KOBUTSU NO HAKUBUTSUGAKU [DAI2HAN]
by Satoshi Matsubara, Ritsuro Miyawaki, Koichi Monma
Copyright © 2021 by Satoshi Matsubara, Ritsuro Miyawaki, Koichi Monma
All rights reserved.
Original Japanese edition published in Japan in 2021 by Shuwa System Co., Ltd.

This Simplified Chinese edition is published by arrangement with
Shuwa System Co., Ltd, Tokyo in care of Tuttle-Mori Agency, Inc., Tokyo
through Inbooker Cultural Development (Beijing) Co., Ltd., Beijing
版登号：03-2023-192

图书在版编目（CIP）数据

矿物宝石大百科．拓展篇 /（日）松原聪，（日）宫
胁律郎，（日）门马纲一著；肖辉，张志斌，饶芷晴译
．-- 石家庄：河北科学技术出版社，2024.3
ISBN 978-7-5717-1927-2

I．①矿⋯ Ⅱ．①松⋯ ②宫⋯ ③门⋯ ④肖⋯ ⑤张
⋯ ⑥饶⋯ Ⅲ．①宝石－普及读物 Ⅳ．① P578-49

中国国家版本馆 CIP 数据核字（2024）第 047722 号

矿物宝石大百科（拓展篇）
KUANGWU BAOSHI DABAIKE 　　　　［日］松原聪　［日］宫胁律郎　［日］门马纲一　著
（TUOZHAN PIAN） 　　　　肖辉　张志斌　饶芷晴　译

责任编辑：李　虎		经　销：	全国新华书店
责任校对：徐艳硕		开　本：	710mm×1000mm 1/16
美术编辑：张　帆		印　张：	13
装帧设计：璞茜设计		字　数：	210 千字
封面设计：末末美书		版　次：	2024 年 3 月第 1 版
出　版：河北科学技术出版社		印　次：	2024 年 3 月第 1 次印刷
地　址：石家庄市友谊北大街 330 号（邮编：050061）		书　号：	978-7-5717-1927-2
印　刷：天津丰富彩艺印刷有限公司			
定　价：138.00 元（全两册）			